少年趣味科学丛书

U0742204

奇妙的海洋

QI MIAO DE HAI YANG

詹以勤　主编

郁慧芳　著

广西科学技术出版社

图书在版编目（CIP）数据

奇妙的海洋 / 郁慧芳著. — 2 版. — 南宁：广西科学技术出版社，2012.6（2020.6 重印）

（少年趣味科学丛书）

ISBN 978-7-80565-679-3

Ⅰ. ①奇… Ⅱ. ①郁… Ⅲ. ①动物—少年读物 Ⅳ. ①P7-49

中国版本图书馆 CIP 数据核字（2012）第 137989 号

少年趣味科学丛书

奇妙的海洋

郁慧芳　著

责任编辑 赖铭洪		**封面设计** 叁壹明道	
责任校对 陈业槐		**责任印制** 韦文印	

出 版 人　卢培钊

出版发行　广西科学技术出版社

（南宁市东葛路 66 号　邮政编码 530023）

印　　刷　永清县晔盛亚胶印有限公司

（永清县工业区大良村西部　邮政编码 065600）

开　　本　700mm×950mm　1/16

印　　张　10.875

字　　数　142 千字

版　　次　2012 年 6 月第 2 版

印　　次　2020 年 6 月第 7 次印刷

书　　号　ISBN 978-7-80565-679-3

定　　价　21.80 元

代序 致21世纪的主人

钱三强

　　时代的航船已进入 21 世纪。这个时期，对我们中华民族的前途命运来说，是个关键的历史时期。现在10岁左右的少年儿童，到那时就是驾驭航船的主人，他们肩负着特殊的历史使命。为此，我们现在的成年人都应多为他们着想，为把他们造就成 21 世纪的优秀人才多尽一份心，多出一份力。人才成长，除了主观因素外，客观上也需要各种物质的和精神的条件，其中，能否源源不断地为他们提供优质图书，对于少年儿童，在某种意义上说，是一个关键性条件。经验告诉人们，一本好书往往可以造就一个人，而一本坏书则可以毁掉一个人。我几乎天天盼着出版界利用社会主义的出版阵地，为我们 21 世纪的主人多出好书。广西科学技术出版社在这方面作出了令人欣喜的贡献。他们特邀我国科普创作界的一批著名科普作家，编辑出版了大型系列化自然科学普及读物——《少年科学文库》（以下简称《文库》）。《文库》分"科学知识"、"科技发展史"和"科学文艺"三大类，约计100种。现在科普读物已有不少，而《文库》这批读物特别有魅力，主要表现在观点新、题材新、角度新和手法新，内容丰富、覆盖面广、插图精美、形式活泼、语言流畅、通俗易懂，富于科学性、可读性、趣味性。因此，说《文库》是开启科技知识宝库的钥匙，缔造21世纪人才的摇篮，并不夸张。《文库》将成为中国少年朋友增长知识、发展智慧、促进成才的亲密朋友。

亲爱的少年朋友们，当你们走上工作岗位的时候，呈现在你们面前的将是一个繁花似锦、具有高度文明的时代，也是科学技术高度发达的崭新时代。现代科学技术发展速度之快、规模之大、对人类社会的生产和生活产生影响之深，都是过去无法比拟的。我们的少年朋友，要想胜任驾驭时代的航船，就必须从现在起努力学习科学，增长知识，扩大眼界，认识社会和自然发展的客观规律，为建设有中国特色的社会主义而艰苦奋斗。

我真诚地相信，在这方面，《文库》将会为你们提供十分有益的帮助。同时我衷心地希望，你们一定要为当好21世纪的主人，知难而进，锲而不舍，从书本、从实践中汲取现代科学知识的营养，使自己的视野更开阔、思想更活跃、思路更敏捷、更加聪明能干，将来成长为杰出的人才，为中华民族的科学技术走在世界的前列，为中国迈入世界科技先进强国之林而奋斗。

亲爱的少年朋友们，祝愿你们在奔向 21 世纪的航程中充满闪光的成功之标。

这本书告诉我们什么

茫茫大海，烟波浩瀚。它占据地球总面积的71％；它占有地球总水量的97％。

深深的海水下面充满了神秘。那里耸立着千米险峻的高山，埋伏着万米陡峭的海沟，流淌着比长江更长的海流，喷发着有滚滚熔岩的火山……

在海洋的世界里，植物欣欣向荣，动物繁衍不息。

在海空之间，气象万千、绚丽多彩。

面对越来越多的人口和越来越拥挤的陆地，科学家智慧的触角已伸向无限的海洋。建设海上城、建立水下居住室、开凿海底隧道、开发和利用海洋能源和宝藏……奇妙的海洋随着海洋的开发将会变得更美妙。

这本书将带你去领略奇妙的大海。它告诉你关于大海的知识，讲述人类认识和开发海洋的故事。希望你读了以后能更加热爱大海，成为大海的好朋友！

詹以勤

目　录

太平洋的身世

地球是人类的家园。在这个人类生活的星球上，有七大洲和四大洋。七大洲是：亚洲、欧洲、非洲、北美洲、南美洲、大洋洲和南极洲。四大洋即太平洋、大西洋、印度洋和北冰洋。这些大洋是怎么形成的？这的确是一个令人着迷的问题。人类的历史不过只有几百万年，而地球的年龄已有 50 亿岁了。地球在太阳星云中诞生，又经历了很长时间，形成了内部物质，分成了地壳、地幔、地核等圈层。地壳上高低不平的"图案"是怎么留下的？为什么会有海洋？在坎坎坷坷的地球史书里，蕴含着多少传奇的经历和故事啊！在四大洋中，太平洋的面积最大，它的秘密也最多。

是不是月亮的故乡

有人说，太平洋是月亮的故乡，这话听起来多离奇啊！

你知道吗？这话不是普通人随便说的，而是著名的生物进化论创立者达尔文的儿子 G. 达尔文说的。1879 年，G. 达尔文在对太平洋形成之谜的探讨中，提出了这个假说。

他说，在很久很久以前，地球形成的初期，还处于熔融状态的时

候，地球自转得非常快。我们知道，地球现在自转一周即一天的时间是 23 小时 56 分，而那个时候地球自转一周即一天的时间只有 4 小时，简直就是飞速地旋转。太阳对地球的引潮力，使熔融状的地球发生了一起一伏的潮汐现象。在一段时间里，正巧潮汐的震动和地球固有的震动相一致时，就会形成一种共震的现象。它使地球的潮汐起伏变得更大、更激烈。结果在地球的赤道上出现了破裂，裂口上甩出了一大块物质。这块物质飞到了地球的外面，从此环绕地球运行，就形成了现在的月亮。而地球上也就留下了一块伤疤，这就是太平洋。

G. 达尔文假说中的故事，发生在远古的地球上，那时候人类根本就不存在。因此它只是一种科学的推测，信不信还由大家呢！有不少科学家认为这个假说不能令人信服。他们经过计算，证明月球是不可能从地球上分裂出去的。太平洋的形成与月亮没有任何瓜葛。

19 世纪，德国的气象学家魏格纳提出了大陆漂移说。他认为地球上的大陆和大洋是由古大陆分离形成的。你看，大西洋两岸，如果合并起来是那么吻合，这边凸出，那边凹进，就像是一块陆地被撕开了似的。他的学说得到了 20 世纪科学家的赞同，因为古生物和古地磁学找到了很多证明大陆漂移的证据。但是，用这个学说来解释大西洋、印度洋和北冰洋的成因还可以，解释太平洋的"身世"却不怎么合情合理。你看，太平洋的形状是圆的，而且大洋两岸的地质特征又是千差万别。要说它也是远古时代的大陆分裂而形成的，就难以令人信服了。

是陨石坑吗

为了揭开太平洋的"身世"之谜，1955 年法国的学者 G. 摩契尔提出了新的太平洋成因假说。他的假说宣称：太平洋是一次重大灾变事件的产物。

他认为在 2.45 亿年前，有一颗直径约 200 千米的陨星猛烈地撞击太平洋地区，在那里撞击出一个直径 14000 千米、深 3 千米～4 千米的大坑，海水涌进了这个大坑，形成了太平洋。从地图上看，太平洋确实像个大坑呢！

太平洋是巨大无比的陨石坑吗？

地球上被陨石撞击留下的坑有不少。美国亚利桑那盆地，就是一个陨石坑。在这个盆地的周围，找到了陨石的碎块。地质学家和天文学家共同对这个陨石坑进行研究，他们确认，亚利桑那盆地的那个陨石，在坠入地球的时候，发生了大爆炸，冲击波非常强大，挤压出了一个陨石谷。瞧这盆地的形状，它大致呈圆形，底部平坦，周围有陡峭的坡面和顺着盆地边缘分布的隆起山脉，像是给盆地镶了一条边似

的。它的模样酷似太平洋，只是亚利桑那盆地没有海水充填罢了。

此外，地球上保存完好的陨石坑还有 13 个。从飞机上为它们拍照，摄下的形状都和太平洋盆地很相似呢！

支持这个假说的学者还指出，在 2.45 亿年前的地球沉积物里，发现了某些"天外来客"——陨石留下的微量元素异常情况。当时地球上大部分生物种灭亡了；地球自转有突然加快的迹象；地球的气温突然升高，而且海水又大量地损失。这块巨大的陨石撞击地球之后，原来的太平洋古陆分崩离析、四分五裂。然后，它们与那些原先并不相干的古陆结合在一块。

地球上原来只有联合古陆一个整体，自陨星撞击地球以后，联合古陆破裂了，并逐步分裂漂移开来，结果就形成了今天的欧亚、美洲、非洲、大洋洲、南极洲等大陆。与此同时，地球上的三大洋也在大陆之间横空出世。看来陨石的撞击不仅产生了太平洋，而且还裂变了古大陆，形成了五大洲和另外的三大洋。

这个假说，现在得到了越来越多的科学家赞同。

太平洋和大西洋的争斗

太平洋和大西洋是地球上最大的两个大洋。科学家观察它们的"动静"，预测它们的将来，发现这两个大洋之间正进行着一场生死搏斗呢！

原来，地质学家早已知道：大西洋正在扩张，太平洋正在收缩。距今2.25亿年以来，大西洋随古大陆的分离而出现在地球上，并不断扩张着自己的领地。而太平洋却在大西洋的扩张势力之下节节败退，日见缩小。不久前，大地测量专家们利用最新技术测出，北美洲大陆与欧亚大陆正以每年约1.9厘米的速度相背漂移着，也就是说大西洋

正在变宽，太平洋正在变窄。大西洋长多少，太平洋就缩多少，决不含糊。

这样下去结果将会是怎样呢？地质专家认为，大西洋面积不断增大，太平洋很可能将来要关闭。这种变化大致发生在1亿～2亿年以后。到时候，美洲西岸和亚洲东岸相撞，中间会升起一座高耸的山脉。在这种情况之下，中国当然也就成了内陆国家了。

读者或许会觉得这种结果有点骇人听闻吧？不过从地球发展的历史角度来看，这样的变迁并不值得大惊小怪。喜马拉雅山就是从古地中海中升起来的。如果大西洋扩张的势头不减。1亿～2亿年后，太平洋恐怕真会从地球上消失呢！

可是，大西洋真能挤掉太平洋吗？前不久，美国芝加哥大学的一位地质学家利用电脑对地球上大陆大洋的情况进行推测，结果发现，太平洋目前收缩只是暂时的，将来它会对大西洋全面反攻。

太平洋的"身世"和它将来的"命运"，一直是科学家关心的问题。

千米海岭和万米海沟

大海被一层厚厚的海水覆盖着，深邃不见底。大海的深处到底蕴藏着什么秘密？它的面貌是什么样的？很久以前，人们缺乏科学知识和精密的探测仪器，对海底是很无知的。

有人认为，海底没有底，它像一个无底洞。掉到海里的东西，往往被海水吞没了，再也找不回来。有人认为，海底非常平坦，即使以前是凹凸不平的，在汹涌的海水冲刷下，早已夷平了。有人认为，海底应该像一口锅，四周略微浅一些，中间略微深一点……

水下千里眼

这些描述海底的说法煞有介事，其实都是一些假想和推测，是毫无根据的。因为海底的真实面目，当时没有人能够亲眼看上一回。

20世纪初，自从发明了回声测深仪和旁视声纳这两种"水下千里眼"之后，人类才真正看清了海底真面目。

海底究竟是什么模样的呢？

原来海底是个高低起伏不平的世界。如果我们能把海水抽干的话，那么，海底的地形和陆地的地形是非常相似的。

深海海底并非一马平川。那里既有不亚于陆地上阿尔卑斯山那样的大山脉，也有相当于美国科罗拉多大峡谷几倍的大裂缝；那里耸立着几千米高、喷着岩浆的火山，也有装得下珠穆朗玛峰的万米深海沟；那里还有广阔的大洋盆地。海底的地形真是高低悬殊、变化无穷。

全球相接的千米海岭

令人瞩目的海底山脉，位于大洋的中央。高出海底千米以上，蜿蜒曲折，伸向远方。这些海底高山峻岭亿万年来沉睡在那里，默默无闻，从来也没有受到人类的惊扰。

20世纪初，在一次偶然的事件中，它终于露面了。

第一次世界大战以后，战败的德国物资短缺，财政十分困难。有一位叫哈勒的化学家，想出了一个增加财源，摆脱困境的办法。他说，大海里蕴含550万吨黄金，如果能提取其中的1/10，这一大笔财富足够重新建设德国。

在政府的支持下，哈勒组织了人马，设计了海水中取金的生产工艺。他把一艘名叫"流星"号的海洋调查船改成用海水提取黄金的活动工厂。他们驾驭着"流星"号在海上日夜兼程地航行，夜以继日地工作，处理了一吨又一吨的海水，而得到的黄金却微乎其微。因为海水中含金量少得可怜，从海水中提金真是得不偿失。哈勒面对失败，万分沮丧。

正在采金梦想破灭的时候，科学家的头脑又出现了新的闪光。哈勒在注视着"回声测深仪"时，突然发现从大西洋中部测到的海水深度竟然很浅。对于深信海底如锅底的哈勒来说，这简直不可思议。于是，他忘掉了失败的烦恼，把注意力转到海洋测深工作中去。

打这以后，经过许多科学家的努力，在大西洋中部找到了高耸海

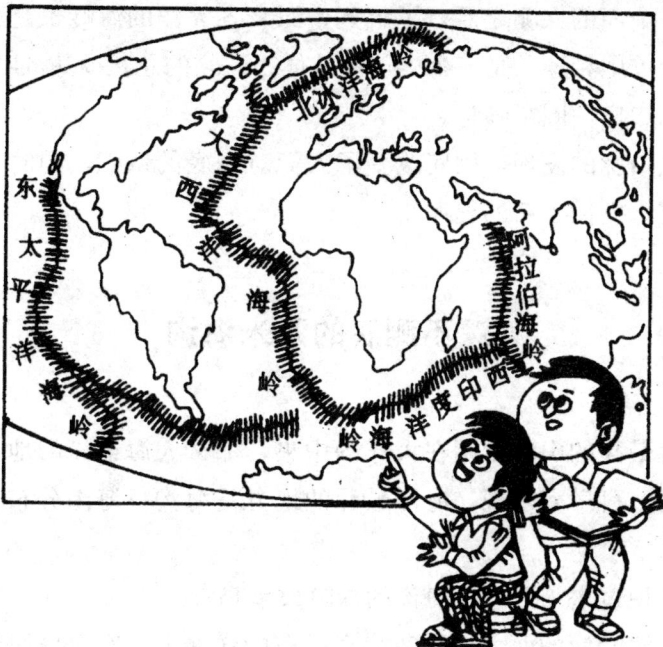

底的水下山脉。这座水下山脉，蜿蜒曲折，北起冰岛，南到非洲南端好望角西南的布维岛，如同西岸的轮廓一样呈"S"形。它高出海底2000～3000米，长15000多千米，占大西洋宽度的1/3，人们称它为大西洋海岭或大西洋中脊。

大西洋的中部有山脉，那么，其他大洋的海底情况又是如何呢？

在印度洋的中部，科学家发现由三条海岭组成的人字形海岭。它们分别是：阿拉伯印度海岭、西印度洋海岭、东印度洋海岭。

太平洋也有一条高出洋底2000～3000米、宽2000～4000千米的海岭。不过它不在中央，面在大洋的东部，宽度又特别大，所以被称做东太平洋海隆。

北冰洋也不例外。它的海洋中脊沿南森海盆中部通过，长2000千米，宽200千米。

原来，地球上各大洋的底部都有水下海岭。科学家对各大洋的海岭进行了全面的探测之后，了解到，原来各大洋的海岭不是孤立存在的。它们首尾相连，是一个全球性的体系。它的总长度达 64000 千米，可绕地球赤道一圈半哩！

海底山脉的发现，彻底改变了人们对海底的认识，同时为大海形成的研究，提供了新的思考。

深不测底的万米海沟

大海最高的山脉雄踞在大洋的中央，那么大海最深的地方你知道在哪里吗？科学家发现，海洋最深的地方是海沟。海沟分布在海洋的边缘。

你听说过潜入万米深海沟的探险故事吗？

在波涛汹涌的西太平洋菲律宾以东的洋面上，有全球海洋中最深的一条海沟——马里亚纳海沟。它全长 2500 多千米，平均宽 70 千米，大部分深 8000 多米。最深处在海沟的南端，叫"挑战者深渊"，是以第一次发现它的英国海洋调查船"挑战者号"命名的。1959 年 8 月，苏联"勇士号"测得它的海深为 11034 米。

1960 年 1 月，瑞士著名科学家奥古斯特·皮卡德的儿子雅克·皮卡德和他的助手乘坐"的里雅斯特号"深潜器向挑战者深渊进军。

经过 3 个多小时紧张的下潜，最后到了 11034 米深处。水下灯光向深渊的四周射出明亮的光柱，皮卡德环视着四周，他看到了深渊的洋底是一片灰白色的。人类的光明第一次照亮了"挑战者深渊"，这个陌生的世界终于呈现在人们的眼前。透过玻璃舷窗，探险家们还看到了深渊里的生命——鱼和小虾在那儿悠闲自得地游着。

像马里亚纳这样的海沟环太平洋就有 29 条，印度洋周围有 5 条，大西洋有 4 条。它们的深度都在 6000 米以上。

　　有趣的是，海洋里这些深邃的海沟外侧总是有岛屿与它们相连为伴。它们之间有什么关系？它们的形成有没有联系？这都是大海留给我们的秘密。

海底移动的秘密

"法摩斯"海底探险

1973 年 8 月 2 日，法国深潜器"阿基米德号"载着驾驶员德弗罗贝雄尔、科学观察员勒皮雄和机械师米歇尔去大西洋海底考察。潜水艇下潜的目标是名叫法摩斯的海底裂谷，它位于大西洋亚速尔群岛的西南处。

经过 3 个多小时的曲折下沉，潜水艇终于到了 2600 米深的海底。在海底的裂谷中，他们看到了许多奇异的景观。那儿仿佛是海龙王丢弃的水晶宫，到处是岩浆凝固后生成的奇形怪状的熔岩体。在陡峭的绝壁上，凝固的火山熔岩流，像一根根黑黝黝的管道，宛如挂着的瀑布在"流淌"。在探照灯的照耀下，它闪烁着黑玉般的光泽。在一块海底凹地上，堆放着由火山熔岩冷凝而成的熔岩，一大块一大块的就像枕头一样，科学家称之为枕岩。

"阿基米德号"深潜器在海底裂谷里上上下下，从一座火山驶向另一座火山，从一个峭壁驶向另一个峭壁。探险者采集了很多海底岩石，时而发出惊喜的欢呼声。

　　他们为什么在深海裂谷中流连忘返？他们为什么对海底岩石怀着这么浓厚的兴趣？原来，这是一次名叫"法摩斯"的海底探险活动。参加探险的科学家，有的是为寻找宝藏而来，有的肩负着神圣的使命，为了支持一种新的理论——海底扩张说，而寻找着理论依据。

新海底诞生　旧海底消亡

　　研究海洋的科学家早就发现，古老的海洋虽然有几十亿年历史了，但海底的沉积物质层很薄，海底岩石的年龄也很轻。这些地质现象只能告诉我们，海底形成到现在，只有2亿多年。

　　海底为什么这么年轻？这个谜终于慢慢揭开了。人们通过声波，了解了海底的起伏地形；通过人工地震波的传播，了解了海底地壳的结构。在海上通过仪器人们可以测到地球内部的热流量。这些科学探测的结果告诉我们：被浩瀚海水覆盖的海底是不断地扩张和移动着的。

为什么海底会扩张和移动呢？

原来在地壳下面，是一种会流动的地幔物质。地幔物质有个特性：在自身运动中将重的物质向地核集中靠拢，将轻的物质向上靠近岩石的圈层。当这些物质对流到岩石圈的底部时，它受到了阻挡，于是就分成两股，朝两侧流动。对流的这股力量真不小，能把岩石圈撕裂，使地下的熔岩乘此机会喷了出来。

喷出的岩浆冷却以后，就形成了岩石筑起的墙。它把原来的海底挤向两侧，渐渐地在这儿隆起了一座高高的海岭，横贯在大洋的中央。分开的海底就像驮在传送带上似的，慢慢地向两边运送出去。

"阿基米德号"深潜器在这海底山脉的峡谷中，找到许多年轻的岩石，这些岩石确实非同寻常，因为它们都是些崭新的岩石，年龄不过几千岁。比起地球46亿岁的高龄来，它还只是个刚诞生的婴儿呢！这些年轻的石头，以它的"身世"告诉了人们，水下2600米的中央裂谷，的确是个年轻的火山带，是地幔物质上升涌出的通道，也是新海洋底诞生的地方。

考察海底的科学家还发现，海底中央海岭两侧的岩石年龄非常相似。离海岭越远，年龄越老。

海底在扩张生长，这样下去海洋是不是会越来越宽呢？不是的。

在"传送带"上的海底地壳，有它的目的地。这个目的地在大洋的边缘。旧的海底被送到了这儿以后，就俯冲深入到地球的内部，于是就留下了几千米深的海沟。在旧海底消亡的海沟岛屿地带，火山和地震常常发生。

如果我们把地球比作一头巨型怪兽的话，那么，大洋中脊和海沟就是两个血盆大口。大洋中脊吐出地球上的物质，营造新的海底；海

年轻的岩石

沟吞没旧的洋底，让它重新归还到地底下去。海洋的底就是这样被替换更新着，大约每 2 亿年一次，所以它总是那么年轻。

大洋大陆分分合合

　　早在 1910 年，年轻的德国气象学家魏格纳面对大西洋两岸相似的曲曲弯弯的海岸线陷入了沉思。他突然觉得巴西东海岸和遥隔大西洋的非洲南海岸，在形状上彼此对应，这边凸出多少，那边就凹进多少。这是偶然的巧合吗？于是他忽发奇想，它们会不会以前是连在一起的，后来才分家的呢？他的想法逐渐完善以后，于 1915 年正式提出了"大陆漂移说"。但是，在那时，他的学说被认为是奇谈怪论，有人称它是大诗人的狂想梦。几乎所有的人都向他提出这样一个问题：又大又重的大陆块是怎么移动的？是谁在推动它呢？这连魏格纳本人也没有办法解释。

　　1930 年，随着魏格纳去世，"大陆漂移说"群龙无首，也销声匿迹了。

　　然而，这首大诗人的狂想曲的旋律在 60 年代以后又风靡起来了。60 年代初，在逐步揭开海底扩张秘密之后，人们发现地幔的力量可以像传送带一样，把大洋底运向远方。这个海洋扩张的秘密不仅揭示了大洋更新的规律，也为"大陆漂移说"解决了难题。

　　60 年代中期，一大批科学家都来关心地球科学，他们集思广益，终于一种崭新的思想——地球板块构造学说诞生了。他们设想，大陆的漂移就像是坚硬的板块运动一样。地质学家把地球划分为六大板块。正是板块与板块的挤压，造成了地震、火山等自然现象。根据这个学说，科学家们预言：若干年以前，各大陆曾是联合在一起的，后来才漂移开来；若干年以后，各大陆又将在太平洋区域汇集。原来，大陆和大洋就是这样，分分合合地运动变化着。

大陆漂移、海底扩张、板块构造这三步曲，彻底地改变了以往人们对大陆大洋位置不变的观念。

神秘的海流——厄尔尼诺

在太平洋赤道东部的秘鲁海域，活动着一股神秘的暖海流——厄尔尼诺。这股暖流大约每隔几年出现一次，往往在"圣诞"节的前后到来，秘鲁人就称它为"耶稣之子"，有的人把它唤作"圣婴"。它沿着中美洲西海岸南下，越过赤道，行踪莫测。有时不见它的踪影，有时见它长驱直入，伸入秘鲁的寒流区。

近几年来，这股原来并不起眼的暖流引起了海洋学家、气象学家和生物学家的严重关注，你知道这是为什么吗？

鱼 灾 之 谜

在秘鲁利马以南的沿海，是一个富饶美丽的渔场。沿海的群岛上，栖息着成千上万只海鸟。这些海鸟多得密密麻麻，它们成群飞来飞去，鸟声鼎沸，欢腾不已。

海鸟在大海上嬉戏，在海岛上栖身。它们悠闲自得地生活在这儿，生生息息靠的是什么呢？

原来秘鲁渔场鱼产量非常高，连续 10 年来，保持在 1000 万吨以上。大海提供足够的鱼儿供海鸟吞食。大约每年被海鸟吃掉的鱼达250 万吨呢！

1982 年～1983 年，发生了一桩异常的事件。那一年，秘鲁亚卡俄沿海数百吨的鳀鱼悄然失踪了。与鳀鱼相依为命的海鸟也为失去生命伙伴，奄奄一息，不久都死去了。原来生机勃勃的海滩上，这时一片凄凉，留下了几千万只海鸟的残骸。渔民们无鱼可捕；鱼粉工厂没有原料，濒于倒闭。不到几天，海水也变了颜色。原来大量的死鱼和漂游动物布满了海面。腐烂的有机物发酵产生大量的硫化氢气体，把海水搅得又脏又臭。硫化氢和渔轮外壳上的油漆化合，生成了硫化铅，就像给渔轮涂上了黑漆。船员们无奈地叹息说，渔轮被亚卡俄"漆匠"漆黑了。渔场失去了往日的生气和繁荣，陷入了一片死寂。

这究竟是怎么回事呢？原因很快查清楚了。负责调查鳀鱼失踪之谜的科学家，对这个海域海水发生的各种变化，进行了细微周密的调查。原来，这片冷水性的海域近日出现了一股活跃的暖流——厄尔尼诺。暖流突然涌来，使海水的温度一下子升高了 3℃～6℃。在暖流的突然袭击下，习惯在冷水中生活的鳀鱼受不了了，它们对热的海水一下子适应不了，开始生病，不久便死去了。鳀鱼的可悲命运，使海鸟也遭了难。它们失去了食粮，不久便饿死在海滩上。鱼灾就是这样发生的。

气候为什么发疯

奇怪的是，秘鲁发生鱼灾的同时，世界各地以至全球的气候都发生了异常。有的地方干得几十天不下一场透雨；有的地方水灾连连。亚洲不少地区久旱无雨，天气干燥，仿佛烧烤一般；欧洲和美洲的一些地区却暴雨成灾……

为什么该下雨的地方不下，不该下雨的地方雨水又太多？气候为

暖空气　暖锋　冷空气

什么会发疯呢？人们纷纷推测其中的原因。

有人说，这两年太阳黑子活动频繁，是这引起了地球上天气系统的变化；也有人说，地球上火山活动踊跃，在天空的上面形成了火山灰层。火山灰层又变成了许多奇特的云彩。它在地球的上空飘动，经久不散，影响了气候变化……

他们推测得都各有道理，但总让人觉得没找准真正影响气候变化的原因。

就在秘鲁发生那场严重的渔灾时，研究天气异常的科学家也把注意力转向那支不寻常的暖流上。随着研究的深入，他们越发深信不疑，全球气候变坏就是这支暖流造成的。

真是厄尔尼诺引起气候发疯吗？人们打开历史的案卷，真相大白了。在档案里，气候异常的年份都记载在册；厄尔尼诺出没活动的年份也记录在案。以前人们从没有研究过它们之间的联系，现在才发现，它们常常先后出现，竟然如此配合默契。

一支太平洋东部的赤道暖流，为什么能破坏大气环流的正常工作，影响气候的变化呢？

原来浩瀚的大海是地球奇妙的温度和湿度的调节器。天气变化的主要原因是由于大气受热不均匀。海洋向大气提供着热量。海洋自身温度升高了，它供应给大气的温度就多。反之，海洋自身的温度下降了，它给大气的热量就比较少。海洋面积广大，深邃无比。它对热的容量比空气大。要是把 1 立方米的海水降温 1℃，放出的热量可以使 3000 立方米的大气升高温度 1℃。同时海水是流体，海面的热可以传到深层，使厚厚的海水都来贮存热量。如果让全球海洋里 100 米厚的表层海水降温 1℃，放出的热量就可使整个地球的大气增温 60℃。

这么说来，秘鲁海域海水增温对大气环流的作用真不小。况且，太平洋东部和中部的热带海洋，对地球天气的影响更明显了。它不仅影响了附近的大气，通过大气环流，还会影响到遥远的地方，遍及地球的各处。厄尔尼诺，这支小小的赤道暖流，牵动大气舞台的风云变幻，真令人不安。

1997 年下半年和 1998 年初的一段时间里，大量的迹象表明，厄尔尼诺又气势汹汹重来。它把全球的气候搞得一团糟。

在地跨智利第三大区和第四大区的阿塔卡沙漠，历来是不毛之地，而在 1997 年的下半年里，几个月的连绵阴雨，在沙漠里出现了 250 种盛开的鲜花。这种在沙漠里鲜花争奇斗艳的景观是十分罕见的。

20 多年来一直在研究厄尔尼诺的科学家爱德华多·桑布拉诺最近告诫大家说，厄尔尼诺的暖水流的到来，将使加拉帕戈斯群岛上的大量动物迁徙。那里喜寒的冷水性动物如企鹅和龟等，不得不离开水温升高的群岛，去寻找适合它们生存的地方。

气象学家也发出警报，厄尔尼诺的出现，已影响了太平洋地区的谷物收成。澳大利亚当局估计，1997 年度和 1998 年度的小麦收成已不容乐观。

它在哪里

气候发疯的原因虽然找到了——要是人们能在厄尔尼诺暖流将要出现的时候，预先向全世界人民发出警报，人们就可以有准备地避开灾难，那该有多主动啊！可是厄尔尼诺在哪里呢？它是个出没无常、行踪不定的海流。人们只知道它大约每隔几年出现一次，但并不知道它出现的确切时间。

科学家研究厄尔尼诺的形成原因，想方设法弄清它的活动规律。他们在各个不同的领域研究，从各个方面对这支暖流的如何形成提出各自的见解。比如有的科学家认为厄尔尼诺出现是由于地球上的一种名叫东南信风的风变弱的缘故；有的气象学家说，厄尔尼诺出现是由于地球自转减慢的关系。

最近有两位美国的地质学家，提出了自己独到的见解。他们用声波定位仪，在夏威夷群岛和东太平洋一带的海底进行测量。通过一些数据，他们发现了这一带海底的一个秘密。原来，这儿的海底蕴藏着很多火山，火山正在喷发大量的熔岩。巨大的热流体随着熔岩的喷发，源源不断地涌入海洋，使海水的温度加热了。这种现象告诉人们，东太平洋出现一次又一次的奇怪暖流——厄尔尼诺，可能就是海底火山喷发提供的热量。

科学家一直在密切地注意这股暖流的动态，有信心揭开它的秘密，并准确预报它的到来。

东丹·布洛奇是美国宇航局的一位气象学家。在他的领导下，已开发出一种革命性的技术，那就是预测厄尔尼诺。他们通过在海洋上和卫星上的温度探测器，可以收集到大量的有关厄尔尼诺海区的温度变化的数据。再通过超级计算机的整理分析，可以提前 6 个月告诉人们，厄尔尼诺可能对地球产生的影响。

海底下的奇观

海底是个奇妙的世界，在那里各种地质的活动，呈现了五彩缤纷的海底景观。

深海中的"舞池"—— 平顶山

在深海的海底，隐藏着许多奇怪的山峰。与一般海丘海峰不同的是，它顶端平坦，犹如铲过一样。最早发现它的是美国普林斯顿大学的海洋地质教授赫斯。他于第二次世界大战末期，在太平洋夏威夷和马里亚纳群岛一带2000米的深海海底考察，注意到了这些不寻常的平顶山。

平顶山有圆形，也有椭圆形，直径在3千米～70千米之间。山顶比较平缓，山脚形成了缓坡，缓坡上还有一级级的阶梯。赫斯教授初步探索，就发现了140多座平顶山。

从这以后，很多教授学者都去那儿考察，想在那儿找到能揭开平顶山来历的证据。

荷兰地质学家裘宁，在平顶山上找到了珊瑚化石。他认为深海平顶山是珊瑚礁下沉以后，才慢慢形成的。珊瑚礁的形状犹如花环样，

长年累月之后，环的中央充填了很多沉积的物质，就形成了平顶。可是平顶山上不仅有珊瑚化石，还有火山浮石，这究竟又说明了什么呢？

美国斯克里普海洋研究所的科学家们也兴致勃勃地进行平顶山的研究工作。他们在平顶山的山巅，采集到了中生代形成的鹅卵石和珊瑚化石。在平顶山的山麓，采集到了火山岩石；在周围的海底，发现了鹅卵石和火山浮石。根据这些现象，他们认为平顶山很可能是浅海的火山岛，随着地壳下沉，沉没在千米海底下的。

亲眼看到过海底平顶山奇观的潜水员，说平顶山的形状远看像是被砍过的森林；近看，活像一座座大型的舞池。平顶山沉睡在漆黑的海底，它成了航行在大海中船舶的水下航标，也是鱼儿喜欢聚集的场所。

海洋里的无底洞

在希腊克法利尼亚岛阿哥斯托利昂港附近的爱奥尼亚海底，有一个许多世纪以来一直在吞噬大量海水的无底洞。在这个无底洞里，每天要失踪 3 万吨之多的海水。

为了揭开海底无底洞之谜，美国一支考察队到了那里，他们绞尽脑汁，想方设法揭开这个无底洞的秘密。

起先，他们把一种深色的染料溶解在海水中，观察染料是如何顺着海水一起跑到地下去的。接着，他们在附近的海面以及岛的四周、岛上的河流中去搜寻。他们希望能找到染料的踪影，从而找到神秘水流的去向。然而，这一切试验毫无结果。

在失败面前，他们没有气馁，又想出了一个新的主意。从塑料工厂里，他们购得了数吨玫瑰色的塑料小颗粒，用来替无底洞中的水作标记。这些塑料小颗粒看上去差不多，其实内在的质量却不一样：一部分与海水的密度相同；一部分与河水的密度相同；还有一部分具有介于海水和河水之间的中间密度。如果把它们投放到海水里，既不会沉入海水，也不会沉入河水。然而，考察队员们苦心设计的方案，却未能得到预想的效果。那些肩负特殊使命的塑料小颗粒，没有能承担起应有的责任。把它们投入海中无底洞的一瞬间，它们一古脑儿全钻进了洞中，然后就永远失踪了。直到今天，这个无底洞的出口在哪里，还是个谜。

克法利尼亚岛位于地中海沿岸。在那片土地上，石灰岩分布十分广泛。石灰岩发育的地方，往往有大大小小的洞穴，地下暗河四通八达。流入海底无底洞中的水，也许就躲藏在石灰岩的溶洞或地下暗河之中。

深海里的绿洲和坟墓

1977 年 2 月，科学家们在调查厄瓜多尔以西、赤道附近的加勒帕戈斯海域地壳裂缝时，在水深 2500 米的海底，意外地找到了 5 个有着不同生物群落的"深海绿洲"。这使科学家们感到非常惊奇，因为在这样深的海底，阳光是不可能到达的，这里的生命依赖什么生存的呢？

经过详细研究，人们终于揭开了这一谜底。原来，这里的海底正处于地壳裂缝处，从地壳裂缝中不断有海底温泉冒出来，水里所含的硫酸盐，在高度的压力和热作用下，便转化成为硫化氢。正是这种臭鸡蛋味的硫化氢，成为这里的生命赖于依存的物质基础，为一种以硫为食的嗜硫菌的生存和繁殖，提供了所需的能源保证。而嗜硫菌的繁殖，则又为以嗜硫菌为食的生物提供食物来源。于是，一条食物链便形成了。在这漆黑的深海底，出现了这种不依赖阳光而茁壮生存的"绿洲"。

在发现这些"深海绿洲"的同时，还发现在另外一个地区有一片深海的"坟墓"。那里像是古代战场的遗址一般，到处是已死的牡蛎等生物的残骸。

这是什么原因而留下的呢？经调查，原来这是一个过去的"深海绿洲"，后来由于地壳的变动，那里地下的裂缝已经闭合，不再有温泉冒出来，失去了硫化氢的来源，嗜硫菌无法继续生存下去，于是便导致了这一"绿洲"食物链的毁灭。

"深海绿洲"的发现告诉我们，生物的生存除了依赖阳光以外，也可以依赖其他的热能。

海底火山

《幽灵岛》记载了这么一个故事。航海家在太平洋上发现了一个陌生的岛屿，他们赶快取出海图查对，发现它是一个海图上没有记录的新岛。于是立即精确地测出了这座小岛的位置，便离开了。大伙儿为发现一块新陆地而兴奋不已。然而，当他们返回原处，按照原测定的新岛的位置重新寻找这座小岛时，却发现它已经消失了。小岛为什么出现了又突然消失呢？原来这座被水手们称为"幽灵岛"的新陆地，是由火山喷发的熔岩短时间内堆积而成的。当火山停止了喷发之后，在海浪的冲刷之下，它又很快被摧毁了。

喷发奇观

海底火山喷发和陆地火山喷发的情形大不一样。它在海面以下喷发时，呈现出安静平稳的姿态。随着喷发物越堆越高，火山口长高长大，它越来越接近海面时，火山才露出了尊容。它开始大发雷霆。熔岩和火山灰把海水搅得浑浊变色，火山气体撞击着海水，发出震耳欲聋的声响。火山喷发的浓烟弥散后使海上大气中充满了烟尘，天昏地暗。海上火山喷发的情景比陆地上的火山喷发还壮观呢！

　　太平洋上有一座被命名为明神礁的海底火山，曾吞噬过一艘船只。1952 年 9 月，日本一艘叫"第五海洋丸"的调查船在太平洋上工作，不料火山突然喷发，31 位船员连同船只一起消失在汪洋之中。以后这座海底火山几度沉浮，最后在一次猛烈的爆炸声中消失了。

　　在南北极地区也有海底活火山。北冰洋里的奥斯腾索火山是地球上最北的海底火山。1962 年，在南极南桑德韦奇群岛附近海域，人们看到海上升起一片由水汽组成的浓云，闪烁着红光，散发出浓烈的硫磺气味。海面上漂浮着许多浮石。极地的皑皑冰雪和火山的红光相映形成大自然的奇景。

造岛"能手"

　　海底分布着许多火山。隐藏在海底的山峰至少有1万座以上。它们几乎全是死火山。形成的年代大多在1亿～1.5亿年之间。大海中的许多岛屿就是由火山喷发的熔岩堆积起来的。如大西洋中的亚速尔群岛、加那利群岛；太平洋中的夏威夷群岛，太平洋西部的花彩列岛都是著名的火山岛。

　　海底的火山堆中，有80多座是活火山，占地球上活火山总数的1/6。这些海底活火山既是制造"幽灵岛"的能手，又是造就"新岛"的功臣。

　　1831 年 7 月，海员们在地中海航行，发现西西里岛南部海面上，海水在沸腾，雷声隆隆。海面上突然升起一个高 20 多米，直径 10 米的水柱。旋即，又升起了水蒸气烟柱，直向 500 米的高空。一周以后，海员又路过这里，看到海面上漂浮着大量的浮石和死鱼，前面新添一座 8 米高的小岛，蒸汽烟柱还在喷发。当时定名为格雷汉母岛。后来，它又不断变高长大。奇怪的是，它却在 4 个月后消失不见了。几十年来，它几经沧桑，曾多次出现和消失。人们叫它"幽灵岛"。这种"幽灵岛"还在爱琴海桑托林群岛、阿留申群岛、汤加海沟附近海域多次发现过。

　　1963 年 11 月，有条渔船正在冰岛南部 30 多千米的海面上作业，突然看到从海洋里冲出一缕缕青烟，旋即火山灰柱腾空而起，高达 174 米，空中浓云密布，雷声隆隆。海底火山喷发出的火山蛋，呼啸着落进海水里，激起阵阵的浪花。很快在海面上弥漫着一团团水蒸气。两个月之后，海面上露出了一座新岛——苏尔特岛。

　　两年后，在苏尔特岛的东北 600 米处，又发生了海底火山喷发事件，又长出了一个小岛，叫圣诞岛。但这个岛不久就消失了。

　　1966 年 8 月，苏尔特岛的原有火山口再次喷发，并持续了 3 年，岩浆从岩缝里流淌出来。苏尔特岛从此才算定型。新岛的面积有 2.8 平方千米，火山顶峰高 178 米，在整整 3 年里，它抛出了约 7000 万立方米的碎物质，流出了近 3000 万立方米的熔岩。现在，岛上已经繁殖出 4 种植物和 18 种苔藓，海鸟也到这里来安家。

　　最令人注目的是西之新岛的诞生。1973 年 4 月 12 日，在小笠原群岛以西的西之岛附近，海水颜色呈褐色——这是宣告火山活动已经接近地面了。5 月 30 日，火山在海面上开始喷烟吐雾，海底火山突然喷发，前后持续了一年多时间。终于，在海上诞生了一个比西之岛大两倍的新岛。人们用宝贵的照片和详细的文字资料，记录了它诞生的经过和壮丽的奇景。

建岛秘密

为什么同是海底火山，有的成为岛屿，而有的却成了幽灵岛呢？

冰岛科学家曾派出一个钻井队去苏尔特岛，在一个悬崖下，钻进了181米，一直钻到了原来的海底岩石。从钻孔中取出了157米的岩芯，发现除了一层岩脉外，其他全部由多孔的玄武岩组成。因此，科学家认为，苏尔特火山的喷发物，除了火山灰，火山泥团外，还涌出了大量的岩浆，凝固成了坚固的岩层，比其他的新岛能够经受住浪涛的冲蚀。相反，有些新长出的岛屿，因缺少坚固的岩层，火山灰和火山泥团等很快被海浪冲没了，成了幽灵岛。

大海里的珍宝

大海是个巨大的聚宝盆,它珍藏着许多有用的矿产资源,如黑色的石油、金灿灿的黄金、能激发巨大能量的核燃料——铀,等等。

所罗门群岛的传说

《圣经》里有这么一个故事,说的是国王大卫有个儿子,名叫所罗门。他继承了王位之后,由于才智超人,名声传遍了列国。各国的国王都来求见他,向他进贡各种财宝。于是所罗门国非常富足。他们建造的宫殿用的是黄金;国王使用的一切用具都是黄金制成的。这个国度里到处金碧辉煌。所罗门国常常派船出海。航船归来时,船舱里装的都是黄金。

这个故事引起了人们猜测。有人想,在茫茫的大海里,必定有所罗门国王藏金纳宝的地方。这地方在哪里呢?1568 年,西班牙的航海家登上了太平洋美拉尼亚中部的一群岛屿。他们见岛民们身上佩戴着各种金手饰,满以为这里黄金很多,就是要找的《圣经》故事中的那个岛屿。于是,就把它取名为"所罗门群岛"。

其实,所罗门群岛的黄金并不多。不过是在岛上有一些金矿罢了。

而真正的金银宝库，科学家认为是在大海中。

陆地上万条长河，滔滔不绝奔向大海。它们把陆地上的各种物质带到了海水中。大海就像是个巨大的洗涤槽，海水就像是个万能的溶化剂。人们已经从海水中找到了 80 多种元素，凡是陆地上有的元素，海洋里都能找到呢！

别小看一滴晶莹的海水，它的"内容"可丰富啦。其中含量最多的有氢、氯、钠、镁、硫、钙、钾、溴和碳。海水中的元素含量尽管很微小，但地球上海水量特别巨大，总量达 13.7 亿立方米，所以这些元素的贮量是很可观的。

如果能把海水中溶解的 5 亿亿吨盐统统提取出来，堆放到地上，就能把地面一下子填高 100 多米！又如，每立方海水中含铀仅 3.3 毫克，但海水中含铀的总量就有 46 亿吨之多！大海是名符其实的金银宝库。

大海里的核燃料

铀，大家不会不知道吧。它是原子弹里的炸药，核电站里的燃料。1000 克铀，通过原子裂变反应，可以释放出来的能量，抵得上 2000 多吨优质煤呢！铀产生的核能，是未来能源舞台上的主角。

氘是氢的同位素，叫重氢。它也是一种珍贵的核燃料。当氘原子核聚合时，也能够释放出巨大的能量。1000 克氘发生聚变时产生的能量，相当于 20000 吨优质煤，比铀的能量还要大 10 倍左右呢！

可是，这些有用的核燃料在陆地上很少。铀矿在陆地上有开采价值的不多，总量只有 100 万吨。而世界的需要量却在成倍地增长。陆上铀矿有枯竭的危险。

在浩瀚的大海，在这个水的王国里，有比陆上多得多的铀矿，大

约有 45 亿吨。它诱惑着人们去开采，向海中取铀。

但困难的是，海水中的铀浓度太低。300 吨海水中才有 1 克，真是贫矿中的贫矿。如何把海水中的铀提取出来呢？人们想了各种办法。有一种有效的办法是用吸附剂放在海水里，把铀吸附到它的表面上，再从中提取铀。后来，又有人从海洋生物上打主意。人们发现海藻繁殖迅速，机体内含铀比海水中多几千甚至上万倍。干海藻里含铀可达到万分之三。海藻成了人们提铀的好帮手。

氘在海水里约有 20 万亿吨。从它的能量上来说，一桶海水中含有的氘，顶得上 300 桶汽油呢！海水里氘可真是人们取之不尽用之不竭的能源。

未来原子能燃料的仓库就在海洋里。如果能把海水中的核燃料都取出来，就可以绰绰有余地供应全世界使用很多很多年。

黑色的金子——石油

石油在工农业生产中肩负着像血液一样的重要职责，是不可缺少的能源。石油也是很重要的化工原料。把石油产品进行加工，可以制成重要的有机合成原料 5000 多种。它像黑色的金子一样，吸引着人们去开采。

据科学家分析，将来有可能开采的石油资源，1/3 在大陆，1/3 在浅海，1/3 在深海和两极。海洋将成为人们开采石油的重要基地。

海洋里为什么会蕴藏着这么丰富的石油呢？

原来，海洋里有数不清的生物和微生物。其中有居住在海底的珊瑚、藻类、软体动物及漂浮在海水中的浮游生物。它们繁殖很快，一年之内就能产生 600 吨的有机质，这些是生成石油的原材料。

死亡的海洋生物遗体，跟泥沙一起沉积埋藏在海底，在缺乏氧气的环境里，受到高温高压和微生物的分解作用，最后就会变成一滴滴的油滴。起先它们分散在各处，随着海底地形变化，聚集到了一起形成了储油盆，使数不清的油滴聚在一起，就成为有开采价值的石油矿藏。

过去人们总认为石油在浅海处。随着深海钻井的出现，人们了解到，在大陆架以外的深水海域也蕴藏着石油。目前，在世界上发现的 1600 多个油气田中，已有 200 个投入了生产。其中 70 多个是巨型的油气田。储量超过 1 亿吨的特大油气田有 10 个，天然气储量超过 1 万亿立方米的有 4 个。特大油田中，有 7 个在波斯湾，1 个在美国，1 个在委内瑞拉，1 个在刚果。特大油气田 1 个在荷兰，3 个在波斯湾。21 世纪到来的时候，将会在海上出现大规模的石油开采基地。

海底锰结核

海洋里的珍宝中，最诱人的要算是锰结核了。它同海底石油一样，具有极大的开采价值。

锰结核是什么？它是海底的"露天矿"。它的颜色是浅褐色或土黑色的，比重在 2.1~3.5 之间。它在海底时比较软，取出海面后逐渐变得又干又脆。锰结核的外形多种多样，有扁球形、扁圆形、椭球形的。小的如豌豆，大的如土豆。

早在 1874 年，英国海洋考察船在太平洋、大西洋和印度洋第一次发现了这种海底珍宝，至今已有 100 多年了。但是，发现锰结核的意义，当时人们未必了解。

锰结核含有 30 多种金属元素、稀土元素和放射性元素等。尤其是其中的锰、铜、钴、镍的含量很高。这些金属元素是工业的主要原料。锰结核有多少呢？据估计，全世界大洋里的锰结核储量是 30000 亿亿吨。在太平洋里锰结核的储量有 16600 亿吨，其中含锰 2000 亿~4000 亿吨，镍 90 亿~164 亿吨……它们分别是陆地上储量的几十到几千倍。

有趣的是，锰结核还在不停地生长。它的生长速度正以目前工业用量的好几倍增长，这真是一笔人们享用不尽的财富。

多金属的热液矿

1965 年，美国海洋调查船"大西洋双生子－Ⅱ"号在红海作业。他们发现在 3 个 2000 米的深渊里水温高达 56℃，简直像是温泉。他

们分析化验那里的海底泥土，结果竟令他们兴奋不已。原来在这些海底泥土中有大量的黄金！黄金的品位比陆地上的金矿高 40 倍，仅一个小小的"阿特兰蒂斯"深渊里，就有黄金45 吨。

正当人们把目光投向红海时，1978 年，太平洋加利福尼亚湾附近的墨西哥海面又传来了海底冒烟的消息。经调查，海上的"烟"原来是海底裂缝中喷出来的金属硫化物在海洋里漂浮，看上去就好像是"烟"一样了。从海底喷出来的这些烟堆积在海底，就形成了金属硫化物矿藏，里面含有大量的有用金属。其中不仅有诱人的黄金，还有银、铅、铜、铁、锌等等。

这些金属是从哪里来的呢？科学家各有各的说法，一种是蒸发说，一种是溶盐说，还有一种是火山说。各有各的道理。总之，多金属软泥是从热卤水中沉淀出来的，所以叫它海底的热液矿。

捷足先登的德国科学家，研制成功了一种开采红海重金属软泥的装备。在采矿船下，拖曳一根 2000 米长的钢管柱，柱的末端有一个抽吸的装置。吸矿管把含有多金属软泥的海水，吸到了采矿船上，然后经过处理，并去除水分，就可以获得 32％的锌、5％的铜、0.074％的银的浓缩的金属混合物。

当然，这种开采方法还处于尝试阶段。我们可以预见，下个世纪开始的时候，海洋上会掀起一个热液矿的开采热。这项举措一旦成功，那么，人类需要的黄金、白银以及其他的一些有用的金属，开采量就会成倍地增加。

深层海水的妙用

海洋里的深层水是迄今很少有人注意的领域。可是，一些有眼光的科学家已经发现了它的潜在价值。所谓深层水是指位于海洋中300米以下的水。它与浅层的海水相比，有其独特的优点。它温度较低，营养盐类丰富，水质清洁，杂菌少，这些优点是浅层海水所无法比拟的。

奇妙的用途

首先，有人把它制作成保健饮料。方法是把抽吸上来的深层海水稀释5～10倍，再进行去苦涩处理。制成的饮料据说对人体很有益。有人还从深层海水中提取抗菌剂、生理活性物质，制造食品添加剂，用来对人体进行海洋疗法等等。

深层水也可用于农业和养殖业。如一些本来只能生长在日本北海道一带寒冷水域的海带，就被美国夏威夷深层海水开发实验基地成功地利用深层海水的低温，在炎热的夏威夷繁殖了。而且由于深层海水营养丰富，海带生长得格外茁壮。

开发实验基地的研究员，还在深层海水中饲养牡蛎、鲍鱼、大马

哈鱼和海胆等水产品，为当地的高级餐厅提供了本来要从远处进口的菜肴原料。

另一家美国公司利用深层海水培养了一种细微的可用于抗癌药物的藻类，从而大大地降低了培植这种藻类的成本，优化了培植环境。

在日本，人们利用海上驳船吊着的管道，把深层海水吸上来，再将其注入海湾的浅层海水中，就像改良土质一样，使海湾内的水质得到改善，有利于海湾内海洋生物的繁殖。比如，有一项实验是利用海底冷水饲养龙虾。龙虾在冷水中近乎冬眠。科学家们把冷热海水掺和，稳定在 22 摄氏度，这样一方面改变了它们冬眠的习性，另一方面使龙虾得到深层海水中的营养物质，使龙虾的生长时间比自然生长时间缩短了一半。

有一项有趣的试验是利用深层海水创造人造环境。

科学家在种植杨梅的土地周围，埋设一系列管道，让低温的深层海水从管道中流过。由于深层海水温度低，且恒定，使管道周围的空气由于受到低温的影响，凝结形成了雾。这样一来，杨梅田园的周围上空一年四季均保持充足的水分，创造了一个有利于杨梅生长的小环境。

当然，所有这些试验，仅仅是利用深层海水的开始。到了下个世纪，深层海水的开发将在农业和养殖业方面显示出更大的潜力。

维护环境的功能

深层海水另一个应用领域，是在地球环境的维护方面。

我们知道，地球环境面临着一个重大问题，由于二氧化碳排放量的增加，引起了温室效应，使全球的气温在逐渐上升。据估计，如果这一趋势不能得到有效的控制，就会使两极的冰盖大量融化，使海平面上升。这样的结果就会淹没大片的沿海土地，许多大城市将难逃海水浸没的厄运。温室效应还可能使地球气候恶化，使瘟疫流行……因此保护地球环境，减少二氧化碳的排放量，非常重要。

遗憾的是，工农业发展又需要大量焚烧煤和石油，需要进行各种有机化合物的生产，而它们势必会增加二氧化碳的排放。

为了攻克这个矛盾，科学家孜孜以求寻找着妥善的解决办法。

不久前，日本科学家提出了一个办法，设想利用深层海水来减少二氧化碳的排放。

据称，日本每年二氧化碳的排放量是 3 亿吨，其中 30% 来自火力发电厂的废气。所以日本东北电力公司就把发电厂的废气作为首攻目标。他们把这种废气排放到有微细藻类的海水中，通过海藻的光合作用来吸收废气中的二氧化碳，达到了减少二氧化碳排放量的目的。

经过实验，证明这个设想是对的，效果十分良好。科学家们发现，倘若能用深层海水来代替实验时使用的一般海水，藻类将会繁殖得更加迅速，从而使二氧化碳的排放量得到更有效的控制。同时，大量繁殖在海水中的藻类，可以利用它作为饲料或肥料。

封存二氧化碳的本领

随着人们对深层海水的开发，意外地发现了它的一些奇妙的现象。

在 600 米的海水深处，竟封存着天然的液态二氧化碳。科学家解释说，这是因为在水下 600 米处，水的压力可使二氧化碳向液态转化；假如在水深 3000 米以下，液态二氧化碳竟变得比水还重，极容易沉入海底。在深部低于 10℃的水温下，液态二氧化碳还会出现一层果酱状的薄膜，可以防止二氧化碳扩散到周围的海水中去。

根据这个意外发现的奇特现象，日本电力中央研究所的科学家已计划把二氧化碳直接输入深海中，利用深层海水把它们封存起来。他们估计，这种封存的二氧化碳要重新返回大气层，至少需要 1000 年的时间，那时候，人们就会有足够的时间来处理使现代人头痛的温室效应问题。

总之，在未来的日子里，海洋里的深层海水，必将在众多的领域中，显示出它那巨大的潜力，成为人类最重要的自然资源。

大海的呼吸——潮汐

在海边，海水每天有规律地涨落着。涨潮时，海涛声一阵一阵紧，海水后浪推前浪，向岸边拍打过来。潮水一来，海滩上的人群赶紧回到岸上。退潮时，海水越退越远，露出大片沙滩。这时，人们又赶集似地蜂拥到涨潮和落潮之间的沙滩地上，争分夺秒地挖取蛤蜊、牡蛎，捕捉鱼、虾等各种新鲜的海味。

大海这一涨一落，好像它的生命在运动，仿佛大海那宽阔的胸膛在起伏、在呼吸，是那么的均匀、有力。

大海为什么会有这种运动呢？是什么力量驱动海水涌向岸滩；又是什么力量，驱赶汹涌的潮水退避远离的呢？

神奇的力量来自月亮

最早发现涨潮和落潮规律的是航海家比戴阿斯，他是公元前4世纪古希腊人。

在大西洋沿海，比戴阿斯对大海的"呼吸"研究了很久。他每天在观察之后，认真地做了笔记。他发现，海洋每天有两次上升的高水位和两次下降的低水位。时间的间隔有时长，有时短。每个月有两次特别大的高潮和特别低的低潮。奇怪的是，高潮的时间总发生在初一或十五，也就是新月或满月的时候。而低潮的时间总发生在初七、初八或二十一、二十二，也就是上弦月和下弦月的时候。由此，他想，这潮水的涨落必定与月亮有关。

公元1世纪王充写的一本叫《论衡》的古书中说："潮之兴也，与月盛衰。"说明在我国古代也早认识到潮汐与月亮的密切关系了。

但是，这些科学的思想，却一直未被人们接受，因为那个时候的人们无法解释：月亮为什么会有这种神奇的力量。

大约300年前，人类历史上最伟大的科学家——牛顿，才为我们解决了这一旷日持久的难题，那就是他提出的"万有引力定律"。传说

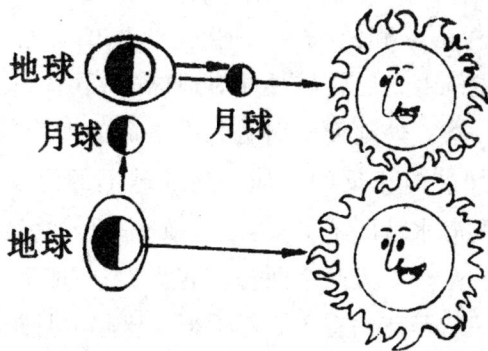

在 1665 年，英国鼠疫蔓延，当时年仅 23 岁的牛顿正在著名的剑桥大学读书，为了防止疾病流行，大学被迫关闭，牛顿也来到了乡下。在那里，他和他的朋友斯朵克利常常坐在苹果树下交流学问，切磋技艺。有一次，正当牛顿陷入沉思时，一只苹果掉落下来，掉到他的头上，顿时，一丝灵感令牛顿立刻想到了天上的月球：月球不就是一只绕着地球团团转的"大苹果"吗？如果月球不转动，它不也会像苹果一样掉下来吗？于是，牛顿思路豁然打开，他提出了万有引力定律。

原来，宇宙之间大到天体，小到尘埃，物体之间都是相互吸引的。它们之间的吸引力与质量和距离有关。质量大的物体吸引着质量小的天体。

潮汐就是由地球和月亮互相吸引产生的。地球吸引着它的卫星——月球，围绕着自己转。月球对地球的吸引，总是使地球上的海水靠向自己的一边。使地面上对着月亮一面的海水鼓得高高的；而背离月亮的海水却鼓向相反的方向。当地球上的海水向两头鼓起的时候，中间部分的海水就凹了下去。这一鼓一凹，就是海水的涨和落。

海水一涨一落，一天两个回合，需要 24 小时 50 分钟。

太阳离地球的距离约有 1.5 亿千米。比起地月距离 38 万千米，要远得多。它虽然对地球也有引潮力，但与月球比起来，还不及月球引潮力的一半呢。平时它的作用并不明显，当新月和满月时，太阳、月亮、地球几乎在一条直线上，月潮和日潮一起发生，两种力量相加在一起，就会引起地球上的大潮。

在上弦月和下弦月的时候，地球、太阳、月亮的位置成一个直角，月亮对地球的引潮力和太阳对地球的引潮力抵消了一部分，所以，地球上就出现了小潮。

大潮出现之后，相隔 14.77 天是一次小潮；再隔 14.77 天，又是一次大潮。

大海就是这样有规律地运动着、呼吸着。白天，海水上涨，人们把这叫潮；晚上海水上涨，人们把这叫汐。潮汐这个名称就是这样来的。

潮汐的作用

人们在生产活动中，掌握了潮汐的规律，积累了丰富的经验。用海水来晒制食盐已有很久的历史了。人们发现，在涨潮时纳取海水，晒成的盐质量好。因为海水中含盐量高，水中泥沙杂质少。而低潮时取的海水，晒成的盐，含盐量低，泥沙量相对比较高。同样取 1000 克的海水晒盐，涨潮时取的海水比落潮时取的海水多得盐 10 克而少 0.1 克的泥沙。

打捞鱼虾时，渔民也极讲究潮水涨退的时间。他们根据潮水涨落时的方向，及转流的时刻，在沿海放置好捕鱼的网。鱼儿虾儿就会顺着水涨水落的水流，一古脑儿往渔网里钻，渔民就等着坐收渔利啦。

与潮汐关系最密切的，莫过于航海了。在浅水海湾，稍大一些的船只就要在涨潮时才能进进出出。顺着潮流航行时，船只在顺水中行走，变得快速轻捷，消耗的能量也极少。逆着潮流航行时，船的速度就要缓慢得多，能源也耗费得多。难怪在港口码头

定期发运的船只开船的时间，不能像火车一样规定得死死板板的，而是每天要推迟一些时间。因为涨潮的时间每天在推迟呢！

诸葛亮借东风的故事你不会不知道吧。但利用潮汐用兵打仗的故事，你就不一定知道啦。

公元 1661 年，我国的民族英雄郑成功率领了一支几百艘船的舰队向台湾进军。那时候台湾被荷兰侵略军统治着。他们霸占海岸，修建了城堡，还在港口沉了好多破船，想阻挡郑成功的船队。

郑成功是从澎湖开航的，农历四月初二到了台湾的鹿儿门港附近。但数百艘船如何进港呢？这里的航道与沙屿横亘，航海者们视为危险之路。弄得不好，船队撞到沙屿上，就进退两难啦。郑成功依靠当地的老百姓，调查了航道的情况，同时计算了涨潮的准确时间。在海水涨潮的前夕，舰船利用潮水的优势，顺利驶进了港口，登上了台湾岛。他们打败了荷兰侵略者，收复了台湾。

这次战斗的胜利，真要为潮汐记上一功呢！

蓝 色 的 煤

大海一涨一落地"呼吸"着。在这起伏动荡的运动中，潮水蕴含着巨大的能量，人们称誉它为蓝色的煤。

人们曾在钱塘江的入海口附近，放置了 5 只装满石块的铁丝笼。其中有一只装有 8 立方米的石块，重 12 吨。结果，在一次海潮之后，便消失得无影无踪了。可见，海潮的力量是相当大的了。

有人做过计算，如果把地球上的潮汐都利用起来，每年就可以发电 12400 亿千瓦时。

人们在海湾与河口的狭窄处兴建一座拦水堤坝，造成一定的水位差。利用潮汐的涨落推动水轮发电机的主轴，使它昼夜运转发电。

　　1913 年，世界上第一个试验性的潮汐发电站在北海建成，到现在已经有 40 多个国家利用潮汐建电站了。

　　世界上已建成并付诸使用的电站是法国朗斯电站。这座电站位于法国西部圣马洛港附近。每年发电 5.44 亿千瓦时，居世界第一。

　　1955 年，我国建成了第一座潮汐水轮泵站，利用潮汐能来提水灌溉农田。以后又在沿海建立了几十处潮汐发电站。1980 年，我国浙江温岭县乐清湾北端的江厦双向潮汐试验站第一机组正式发电，装机容量 3000 千瓦，年平均发电量 1070 万千瓦时。这个潮汐发电站规模仅次于朗斯潮汐电站，居世界第二呢！

　　我国的潮汐能资源很丰富，可供开发的约达 3600 万千瓦。如果都开发出来，每年可提供电力 870 亿千瓦时，相当于 47 个新安江电站的年发电量。潮汐发电虽然有很多好处，如没有污染，不受洪水和干旱的影响，发电量也很稳定。但用它发电却要花费较高的成本，比其他方法发电要高出 1～3 倍的支出，经济上真有点划不来呢！可是将来地球上能源会越来越匮乏，潮汐——蓝色的煤，对人类的诱惑只会有增无减。只要人类真正能驯服海水，潮汐将会为人类廉价地服务。

　　科学家还认为，由于潮汐的存在，地球的自转速度在一点一点地减慢。因为潮汐能消耗了一部分地球自转能。月亮正以每年 2.54 厘米的速度离我们远去，一个月的时间在渐渐地缩短；一天的时间在缓缓增长，亿万年来就这么在变化着。这一切都与地球上的潮汐运动有关哩。

清洁的海洋能

辽阔的海洋，不仅使人眼界和胸怀开阔，而且有着迷人的魅力。然而，大海最为诱人的除了它蕴藏富饶的宝藏之外，还有令人难以想象的可再生能源，那就是海水的动力资源。

今天，对于我们地球环境而言，它又是一种不破坏自然环境，人类走可持续发展之路必定选择的清洁能源。

海浪无情变有情

人们很早就想驯服放荡不羁的海浪，使它的巨大能量变成有用的力量。就以南太平洋的新西兰来说，只需要将其60多千米的海岸所具有的海浪能利用起来，就能完全满足全国的用电需要。而新西兰的海岸线长达4300多千米，所蕴藏的海浪能量该有多大啊！日本由3000多个岛屿组成，海岸线长达13万千米，所拥有的海浪资源每年可达10亿千瓦，相当于日本目前用电量的25倍。

但是说来可惜，像这样一笔巨大的能量资源，却不仅没有被我们很好地利用，相反地至今还在给我们制造翻船毁堤之类的种种祸害。

难道海浪就是这样野性不驯吗？

不。海浪和一切具有破坏力的自然现象一样，一旦认识了它，掌握了它，就能设法驾驭它，支配它，把它的破坏作用转化成为强大的建设力量。

通过一次又一次的实践，波力发电的办法终于想出了一些。有一种办法是利用海浪上下波动的力量，来驱动涡轮机工作。原理并不复杂。用一个直径60厘米、长4米的圆筒，上面有两个活塞室，竖着沉下海去，一半漂浮着。当海浪上下波动的时候，空气分别从两个活塞的下部冲进去，从露出海面的孔洞以极快的速度喷出来，这样就可以利用高速运动的空气，推动涡轮发电机发出电来。

在这里，海浪的上下运动起着发动机活塞往复运动的作用。单个的波力发电装置发电能力很小，联合起来力量可就大了。

1978年，日本建成了一座大型的海浪发电站。它像一艘大船停泊在海上，但却没有船底，宛若一个没有盖的大箱子倒扣在海面上，这种箱子叫空气室。整个电站是由22个无盖箱子组成。每两个空气室上装着一台空气涡轮机。当海浪上下起伏时，就不断地压缩着箱内的空气，再通过高压喷出的空气转动涡轮机和发电机，就会发出电来。这座电站装有11台发电机，在浪高3米时，它的总发电能力为2000千瓦，可以满足10000户家庭的用电需要。

人们还想出了另一种办法，就是利用所谓"浮鸭式"的波能转换器——一种新的波力发电装置。

1994年，世界上第一座海上波浪能发电站在英国苏格兰敦雷的海上安装，并在一年之内发电供附近的居民照明。

波浪能发电站一般都设在岸边，主要供研究用。而有个名叫奥斯普雷的波浪能发电站，位于离岸1千米的水下18米处，不仅采集的波浪能量大，发电量也大，而且能接收来自各个方向的波浪能。奥斯普雷波浪能发电站采用的是震荡水柱原理。当波浪上升时空气就穿过汽轮机；当波浪下落时，空气又被吸出来。这种汽轮机是贝尔法斯特女

王大学的阿兰·韦尔斯教授与苏格兰应用研究技术公司联合设计的。

温差也能发电

太阳赐予地球的热量，有极大部分落进了海洋的怀抱。尽管海面反射和海水蒸发耗用了大量的太阳能，但就绝对数量来说，太阳能中用来提高海水温度的热量还是十分可观的。据估计，落入大海怀抱的热量，每秒钟有 6650 亿千卡，约相当于 1 亿吨好煤燃烧放出的热量。怪不得人们把海洋誉为无比巨大的太阳能集热器和蓄热仓库了。

面对这样巨大的能量，人们怎能无动于衷呢？近百年来，许多人搜索枯肠，一直在寻找打捞它的神计妙法。就连 19 世纪法国著名的科学幻想小说作家儒勒·凡尔纳，也曾幻想利用海中积蓄的太阳能哩！

终于，打捞落海太阳能的办法，被一位法国科学家克劳德找到了。

事情发生在19世纪，克劳德在研究热带海域海水温度分布的时候，发现海水温度会随深度的增加而不断下降。从南纬 20°到北纬 20°的范围内，表层与 500 米以下的深层之间，海水温差都超过了 20℃。

这对一个不放过一切自然现象的科学家来说，是个很有意义的发现。面对这上下海水的温差，他产生了一种奇妙的想象：要是把表层温热海水全部冷却到深层海水的温度，那浩瀚的大海将放出多大的热量呀！利用它来开动机器发电，那将会有多好。利用海水的温差发电，这个想法太妙了。可是想法虽好毕竟不是现实，这个设想能成功吗？

科学的道路曲折而坎坷。从设想到着手实验，限于社会和技术条件，竟然花了将近半个世纪。

1930 年，克劳德跨出实验室的大门，来到古巴波涛汹涌的海滨，利用表层温热海水和深层 650 米处的深层冷海水，建立了世界上第一座容量 22 千瓦的海水发电站。虽然发出的电力不大，但却大大地鼓舞了人们利用海水温差发电的信心。

20世纪 40 年代末，法国人在非洲的象牙海岸建立了一座 7000 千瓦的海水温差发电站。由于当时许多关键的技术问题没有解决，加之电站的造价昂贵，因而没有达到预期的效果，热了一阵的海水温差发电又冷了下来。

直到 1960 年，美国的安迪生父子提出用低沸点媒介质闭合循环的方法，才使海水温差发电又获得了新的生命力。

目前，美国、日本、法国等一些工业发达国家，不仅相继着手建造了温差发电站，而且还朝着大容量方面前进。美国的一家公司，现已完成了世界上最大的温差发电站的设计，而且容量规模十分可观。

不难想象，海水温差发电站将遍布世界各大海湾，为人类提供无穷无尽的电力。

然而，我们也要看到，大规模的温差发电出现之后，海洋的环境将会受到什么样的影响？大量抽取海洋深层的冷水，对全球的气温会有什么影响？这些是明天的海洋开发中会出现的新问题。

让海流造福人类

　　大海里还有一种潜在的能源，那就是海流。

　　海流像陆地上的河流那样，终年沿着比较固定的路线流动，人们把它叫做海流或者洋流。不过，河流两岸是陆地，河水和河岸界线分明，一望便知；海流两边却仍然是海水，肉眼很难分辨。世界上最大的海流有几百千米宽、上万千米长呢！这就更难以识别了。

　　科学家估计，海洋中所有海流的总功率高达10亿千瓦以上。用海流来发电要比陆地上的河流优越得多，它既不怕洪水的威胁，又不受枯水季节影响，那几乎常年不变的水量，使它能全年连续工作。利用海流发电的原理和风车相似，以海流的冲击使水轮机的螺旋桨转动，然后再变换成高速，带动发电机发出电来。

　　通常使用的海流发电站，叫做"花环式"海流发电站。由于一般海流的流速较小，这种电站采用多个螺旋桨，螺旋桨的两端固定在浮筒上，而浮筒里装着发电机。整个电站迎着海流的方向漂浮在海面上。它的发电能力较小，主要为灯塔和行船提供电力，也可为潜艇蓄电池充电。有一种新设计的"驳船舷"海流发电站，外形像一艘古老的汽船，在船舷两侧，装有巨大的水轮。在海流的推动下，水轮转动并带动发电机发电。预计它的发电能力为5万千瓦，比上述那种大多了。

　　人们还研制了一种新型的海流发电方法，即用50个降落伞串在长绳上，再将绳子套在锚上，并泊在海流里的发电船的船尾两个轮子上。这样，沿海流方向降落伞被海水撑开，并带着绳子运动起来，两个轮子也在绳子带动下进行旋转，而轮子上连着的发电机跟着转动就发出电来。它的发电能力，比起花环式海流发电站还要大。

　　在科学发达的今天，超导技术也在进步和发展，因此已有可能实现英国科学家法拉第对海流发电的伟大设想。法拉第曾证明了磁感应定律，即运动着的导体切割磁力线时，在导体中就会有感应电动势产生，接通电路，就会有电流通过。后来，他又提出，如果能够利用地磁使海流发出电来就更好了。现在科学家们认为，只要将一个1000高斯的超导磁体放入流经我国海域的黑潮海流之中，海流便通过强磁场使磁力线受到切割而发出1500千瓦的电力来。

让我们拭目以待，利用超导技术让海流发电的理想，在下一个世纪的海洋上一定会实现。

海上新能源

荷兰的科学家弗兰克·霍斯打算开发海上新能源。这种能源听起来好像有一点异想天开，似乎是一座海上的空中楼阁。

这项计划的名称叫"兆功率"。霍斯的想法很吸引人。他打算在温暖的海上和高空大气层0℃以下的寒冷空气之间的温差中，寻找蕴藏着的取之不尽的能源。

他认为，海洋和大气之间是一部天然的大型空调器。如果我们能够从技术的角度利用这部空调器，让这些气象变化在一座足够大的塔内进行的话，我们将看到地球上的大气是这样循环变化的：海水在太阳的照射下蒸发，变成无形的水蒸气升腾到空中，在那里，它们成云致雨，最后，它们变成雨滴，以雨和雪的形态降落地面。

科学家设计的"兆功率"塔，高度为5千米，直径为50米，它将建在距北海海岸大约30千米的一个浮动的船坞上。塔内充满了丁烷气，这种气体由于受到海洋热量而蒸发，以时速180千米向塔尖冲去。塔尖上是一层为−10℃～−35℃的霜，气体遇冷之后就开始液化。它通过一根中心竖管直泻入底层。在底层科学家已经安装了涡轮机，它

的发电功率为 7000 兆瓦，这大约相当于五六个核能发电厂。

这座具有如此巨大发电能力的塔，它的结构也是非常坚固的，不然就不能承载。塔身三面用 8 千米长的粗大的钢丝固定。塔的四周紧紧绑着 4 个像漂浮式流速仪的椭圆形氢气球。它们的浮力将减轻塔身对塔底的压力。

这座建筑物有 40 万吨重，因此，这个漂浮体的直径必须在 360～900 米之间。

设计人员用计算机对塔壁的可靠性进行了模拟试验。证实了它是坚固的，能经受北海大风的考验。相信这座"兆功率"塔能把幻想变成现实，成功开发海上新能源。

海浪趣谈

你到过大海吗？也许你喜欢看惊涛拍岸的海浪，但未必知道其中颇有一番奇妙的现象和学问哩。

无风三尺浪

海浪的一奇是"无风三尺浪"。人们总把风和浪联系在一起，那么，风和浪真是一对不可分的孪生兄弟吗？不是的。在海边，常有无风而晴朗的日子里，出现长浪和涌浪的情况。

西印度群岛小安的列斯岛的居民，常常会连续二三天发现高达6米的激浪拍打岸边。奇怪的是，这时加勒比海并没有风暴，真是无法解开的谜。后来，科学家经过长期的观察，发现这是来自大西洋中纬度地区的风暴涌浪。

原来，海洋的范围非常大，这里的风停了，而浪不会马上消失；别处也许正在起风，那里的风浪会波及到无风的海面，"风行浪不停，无风浪也行"这种波浪叫涌浪或长浪。

涌浪一起一落时间较长，波峰距离大，波形又圆又长，较有规则。它速度很快，简直可与快艇赛跑，能日行千里，远渡重洋。因此，当人们看到涌浪到来时，就知道不久风暴也就会跟着来了。

海底火山和地震也会引起海啸和涌浪，并且传播的速度更快。

1960 年 5 月 22 日下午，智利沿岸 500 千米范围内，海浪的平均波高突增 10 米，最高竟达 25 米。21 小时之后，排山倒海般的海浪又袭击了清静而安谧的日本野田湾。铺天盖地的海浪冲毁了码头、港口设施及 5000 间房屋，一些渔船也被冲到离海面 2 米高的一个高地上。

原来，智利的地震引起了海啸涌浪。涌浪以时速 800 千米横渡太平洋，来到了日本沿岸。

查清了这个原因，海浪"无风三尺浪"的现象说奇也就不奇了。

海浪会打弯

海浪的二奇是海浪会拐弯。当你在弯弯曲曲的海边漫步时，你会惊奇地发现，不管岸边的方向朝哪，海浪总是向着海岸的。难道说，海浪也会转弯吗？是的，海浪在接近岸边时，确实是临时拐了弯的。

可是，海浪是怎么拐弯的呢？

我们知道，当汽车的一个轮子转得快，一个轮子转得慢时，汽车就必定是转弯了。海浪的拐弯和汽车的拐弯有某些相似的地方。原来，海浪在不同的海底深度中传播的速度是不一样的。一般来说，在深水中，海浪不能波及到海底，所以不会影响到海浪的传播速度。可是，当海浪从深水传到浅海时，波速就随着深度的变浅而变慢。有趣的是，沿岸附近的浅水区，海水的深度变化大致跟海岸平行。从而形成了一个所谓的等深线。这时如有波浪传来，波浪的前沿位于较浅处，另一端位于较深处。于是波浪因海底深度的前后不一致，引起速度的快慢不一致，就出现了拐弯的现象，即波浪对着海岸的趋势。

浪动水不动

海浪的三奇是海浪滚滚而海水不动。这话怎么理解呢？俗话说，长江后浪推前浪，可是真实的情况并不是这样的。

有一位科学家曾在海洋里做过一个试验。他把软木塞扔进大海里，抛锚停船进行观察。本来按照一般人的设想，软木塞会沿着海浪传播的方向漂走。可事实上，软木塞仍大致在原地做上下起伏运动。当滚滚的波浪到来的时候，软木塞被海浪的前波提起，带到波峰上，然后，又从海浪的后波滑了下去。虽然滚滚的波浪不停地奔向远方，而软木塞却在原来的地方反复地做着升降运动。

这个试验表明，波浪滚滚前进的时候，原地的海水正像软木塞一样，升了起来，前进了一点，然后又落了下来，退了回去。海水就是这样大致在原地围绕着椭圆形的轨迹在运动。

也许你会对这感到不好理解，那么请你去看看田野里的麦浪。当金色的麦浪滚滚向前的时候，你应当清醒地知道，扎根在地里的麦子并没有移动过一点。海浪的情况大致也是这样的。

当然，这种情况往往发生在没有海流活动的区域。

风云变幻的大海

大海是个风云变幻的舞台。它时而表现得宁静温和，风平浪静；时而表现得脾气暴躁，风大浪激。当大海发怒的时候，海面上出现的景象，令人生畏！

兴风作浪的热带风暴

炎热的夏天，海面上气压很低。海里的鲨鱼显得很不耐烦，它们不时地跃出海面，沿着船舶左顾右盼。这时，有经验的老船员会说："鲨鱼飞，暴雨起。台风要来了。"

台风是什么？它就是热带气旋。热带海面是它形成的故乡。台风实际上是一团快速旋转的空气，它像一个陀螺一样，随着旋转加快，风力也会越来越大。它一面转，一面行走。从形成到消失大约要 10 天～15 天左右。这期间，它能行走几千千米，影响大海和大陆的很多地方。

台风是怎么形成的？为什么出现在热带海面上？

原来，在热带的海面上气温很高，海水的温度在 26℃以上，因此低压的空气受热以后，就会迅速上升。由于地球在自转着，上升的气

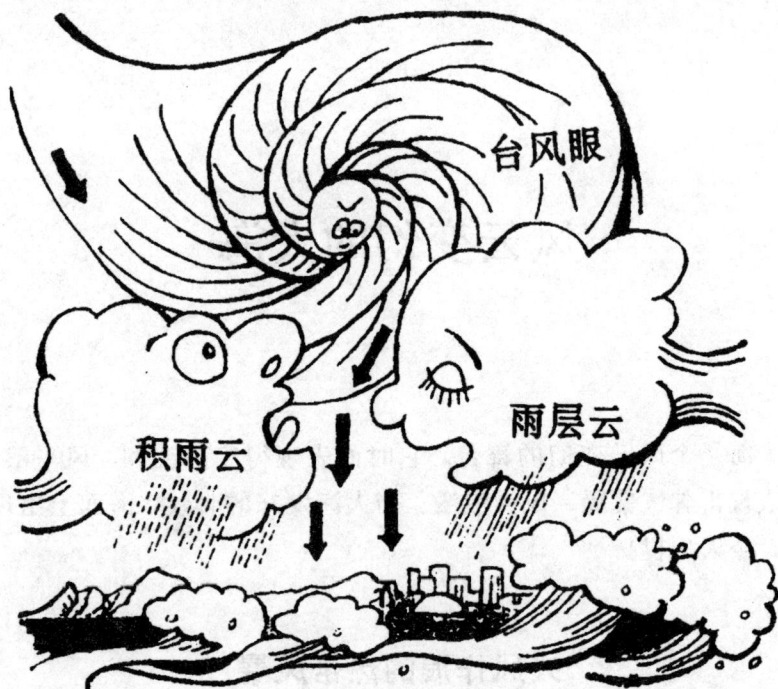

流就会产生偏转力，周围的空气就会迅速前来填补，这就使空气的旋转速度加快，风力也越来越大。有时竟能达到 12 级以上。在陆上它能把树折断，把建筑物吹得摇晃、倒塌；在海上它能把船舶掀翻，使海水倒灌，给人们带来巨大的经济损失。

台风旋转的方向：在南半球是顺时针转的；在北半球是逆时针转的。整个台风移动时，起先像是在步行，接着就像自行车，最后甚至像乘上了汽车和火车，越走越快。

误入风暴区的船只，在狂风、巨浪和暴雨的袭击下，往往会船毁人亡。所以在出海之前，人们对天气情况是密切注意的，一旦有热带风暴出现的动静，就得赶快避开。现在可好了，气象卫星就像高空的侦察兵。它能够发现热带气旋的动静。不但能知道它的出现，还能知道它的行程，为海上航行的船只带来了安全。

　　有趣的是，当台风在海上兴风作浪的时候，却有一片地方，异乎寻常的宁静。原来这片地方正位于台风的中心。这儿没有狂风暴雨，天上云层也很薄，甚至还能看到一片晴空呢！这地方叫做"台风眼"。

　　如果你想选中这块好地方避风躲雨的话，那就错啦。这片看似宁静的天地，也充满着危险。因为台风眼的范围很小，它随着风暴移动，如果船只真的混进了这块小天地，就完全失去了控制的能力，只有听任风暴摆布了，很难从这里突围出去。对热带风暴熟悉的人，是决不会往那儿去躲避的。

短小精悍的海龙卷

　　大海的天气令人捉摸不透。万里无云的晴天，不一会儿就会成为乌云密布的阴雨天。在黑云的中间竟然会出现一个圆锥形的东西，像个漏斗，向海面伸过来。它不断地转动和摇摆，有时伸长一点，有时又缩回一点，总是不停地变动着。漏斗下面的海水，也开始动荡起来，好像锅里烧开的水在沸腾。不过它的口是朝上的。后来，上下两端竟然连结起来了，变成一个很大的猛烈旋转的水柱。那时太阳不知躲到哪里去了，天地之间出现一片昏暗，海面失去了平静，被搅得一片浑沌。

　　海面上这种奇异的天气现象就是海龙卷。海上船只不小心落到了龙卷区，就会被龙卷吸到高空，变成空中飞船，荡漾云空。它的风力在12级以上，每秒达50～200米，比台风还大呢！它的近中心风速，每秒可达175米以上，比强台风还强好几倍。所以它的破坏力很大。但是，海龙卷的特点是短小精悍，它活动的范围很小，直径只有几千米，小的只有几百到十几米。它行走起来也不快，每小时大致可移40～50千米。寿命更短，只有几十分钟到几小时。

　　龙卷风实际上是个低气压的大旋风。在海面上，它能把海水吸起来，形成高高的水柱。所以人们叫它龙吸水。有时碰巧了，天上会同时出现几条龙卷风，别有一番景致呢！

不守信用的风暴潮

潮汐是大海里的自然现象，它每天按照固定的规律起伏波动，遵守时间，很讲信用。但在海洋里，海水会突然高涨，狂风挟着巨浪，把平静的大海，搅得巨浪翻滚。有时候，在潮汐应该是低潮的时候，变成了高潮；有时候在潮汐高潮的时候更高涨。它们同时到来，两股劲使在一起，推波助澜，使水更高，浪更大。它的到来，令大海潮汐起伏的正常规律乱了套。

这种不守信用的潮水叫风暴潮。根据它的名字，也许你会想到它是由风引起的吧。其实不完全对。有风的作用，也有低气压在"捣鬼"。

风暴潮的破坏性很强。1959 年侵袭日本伊势湾的风暴潮，使陆上 36 万平方千米的土地被海水淹没。经济损失达 852 亿日元。最严重的一次灾难，要数孟加拉海湾的风暴潮了。一夜之间，沿岸水位暴涨 6 米以上，死伤几十万人。100 万人无家可归。经济上的损失就更难以

估计了。

　　风暴潮对沿海国家的港湾口岸造成极大的威胁，所以，人们在筑港工程和滨海城市的建设时，要采取各种防范措施。

航海的大敌—— 海雾

　　在平静安宁的海面上，有时会吹来一些潮湿的风。这风把明净的海空吹得黯淡无色；这风把人们的视线变得模糊。

　　迎着风向远处望去，海上似有一座座小山轻轻波动，缓缓移来。是云块吗？不是，云块没有那么低，低得沿海面在滑动。是涨潮吗？也不是，潮浪没有那么暗。是什么呢？它是一座低矮的云墙，高出海面不过 10 米。当云墙越来越近的时候，在迷茫之中，远山不见了，大海也失去了边界。这无声无息而来的云墙，就是海雾。这时候，船只

迷失在海雾中，潜伏着极大的危险。1955 年 5 月 11 日，日本"紫云丸"与另一艘船在浓雾中相撞，死亡 168 人，成为雾航中最大的一次海难。

海雾形成的原因是不一样的。最常见的海雾是平流雾。它是暖海空气流经过冷海区时形成的。暖湿空气中含有大量的水汽，水汽遇冷就会凝结成小水滴——雾滴。雾滴随风飘荡，扩散，很快扩及到上空。然而，贴近水面的空气还在继续形成雾滴，继续在向外扩展。于是，雾就会越来越大，越来越广，使海雾连绵数百千米，厚几米甚至上千米。

这种平流海雾持续的时间很长，有时十天半月也不消散。它的出现，给大海中航运的船舶带来障碍，是航海的大敌。

迷人的海上美景

海上有变幻莫测、令人畏惧的恶劣天气，更有美不胜收的奇妙景色。海上日出的情景生动绮丽；海市蜃楼的幻景更是扑朔迷离。

海 上 日 出

太阳从东边升起，从西边落下，天天如此，并不觉得很新奇。但是，如果你到海岛上去旅游，并在那里住上一宿，第二天凌晨，天还是漆黑的，就会有人劝你早早地起床了。为什么要起那么早？朋友会欣喜地告诉你："去海边看日出！"如果遇上个天朗气清的晴天，真是机会难得。

在海滨，或者乘一叶扁舟在海上荡漾。天上没有一丝一缕的风，空气中也没有一星半点灰尘杂质。这时候在静悄悄的海面上等待日出，真是别有一番情趣。

海像一面巨大的镜子，与淡蓝色的海空相连接着，分不清是海还是空。这时，性急的人就会最早发现东方海面上的变化。那条条光辉从淡绿到绛紫，从海与天的交接处发射出来。接着一道红霞出现了，它像一位穿着艳丽服饰的报幕员，向大家宣告：太阳快出来了……

果然，海面上出现了一个红色的光点。红得那么娇艳，一瞬间光点变成了弧形光盘。光盘的弧越来越大，它缓缓地、抖擞地在上升，它一边上升，一边变幻着自己的模样。开始，光盘是弧形的，然后是半圆。从半圆又变成扁圆，最后成为像运动场上抛掷的铁饼模样。这时，如果光线和大气配合巧妙，还会看到一个叠着一个的太阳，一个比一个小，越叠越高，好像从海面上矗立起一座红色的宝塔，真是一幅美妙动人的活动画面！

看日出的人此时会激动地惊呼：太阳升起来了，太阳升起来了！可冷静的人会幽默地告诉他：太阳还躲在水下呢！

太阳还在水下，说得一点也不错。海上日出为什么这么迷人，这是太阳发出的光线通过不同密度的大气而产生的光学效果。海面上的空气十分晴朗。而且没有干扰的气流，显得十分稳静。靠近海面的空气密度越大，愈向上空，空气的密度越小。上下密度变化没有一个界线，是逐渐过渡的。当海平面下，一轮红日射出来的光线通过变化着的低空大气，自然会发出光的折射作用。折射的规律是，光线从密度大的气层到密度小的气层，折射角越来越大，从而使折射出来的光线弯曲。当我们沿着被折射后弯曲的光线看去，太阳位置就升高了。原来在海平面下的太阳，光线把它的形象跃出了海面，使人们看到了海上日出的奇观。

光线玩的魔术，不仅使"太阳"升高，而且还会使太阳变扁呢！有时会变成不对称的扁球，成了一个畸形的太阳。

太阳光线被折射之后，在大气十分宁静的情况下，还会出现一个正像、一个倒像、一个正像又一个倒像的光学现象。于是就出现了太阳像一座宝塔似的叠起来的情况。它在微微动荡的海水中蠕动，景色美不胜收。

海上日出是美的，海上日落同样也很美。在太阳下沉到海平面下的一刹那，在发出红橙黄色光之后，还会看到绿色的光辉闪过。日落时，也会看到变扁了的太阳以及太阳叠太阳形成的宝塔似的美景。

海中幻景——海市蜃楼

在中世纪的神话传说中，女奴摩拉生活在意大利南边海底的宫殿里。她装扮成美女，干尽坏事。她最擅长制造空中楼阁，迷惑航行在茫茫大海中的船只。她施展妖术，使航海家当作避风港，结果向她变幻的魔岛驶去，却离城市越来越远，最后使船只被大海吞没。

这虽然是个传说，但很久以前人们不能解释海上空中出现的景象，总是对此诚惶诚恐。对船员来说，海上出现飞人或古怪的船只，是一种不祥之兆。

住在海滨的人，常常会看到这种空中幻景，把它叫做海市蜃楼。在茫茫大海的万里长空里，有时会出现车水马龙喧闹的集市；有时会

出现亭台楼阁。这种空中的奇景使许多迷信的人以为是看到了世外桃源和天空仙境呢！其实，这些景物来自远方地面上，是光线搞的魔术，把它搬到了空中，成为人眼中的一幕景色。

海上日出的动人景象是光线在密度不同的大气中折射的结果。海市蜃楼的幻景是光线在密度不同的大气中全反射的结果。

原来，在晴朗的天空里，海面上的空气比较稳定，在稳定的大气层里，空气密度均匀地向上递减变小。远处的景物人们虽然看不见，但是从这些景物发出的光线，经过大气层不断折射和全反射的作用，就可以把影像抬到空中，送到人们的眼里。

我国山东省蓬莱县，地理位置很特殊，它向海边突出。海中岛屿或者辽东半岛的一些城市建筑，往往会被折射到空中去。难怪人们把它幻想成为蓬莱仙境了。这个县的蓬莱阁就是专为人们欣赏蓬莱仙境修建的。由此可见，海上看到的港湾、飞人和怪船，都是远方的人、船及建筑物被光线全反射到空中的。知道了这个道理，就不会认为是不祥之兆，或者以为是天宫仙境了。

海市蜃楼的现象不仅出现在海上，还会出现在沙漠、草原和湖泊上。

在灼热的沙漠中，旅行者骑着骆驼艰难地行走。沙漠里没有水，他们又干又渴，真想看到清澈的小湖和淙淙的小溪，可以喝口水洗洗脸啊！突然，远方的沙漠下方，出现了几株杨树和一汪清泉。他们朝着这个有水的地方走呀走，可是，一会儿清泉不见了，绿洲也没找到，令他们多失望呀！原来这也是光线开的玩笑。

在沙漠里形成的幻景在沙漠的下方，叫下现蜃景。这是由于沙漠里地面温度太高，低层大气密度甚至比上层还要小些，光线在不同密度的大气里折射、全反射，就会出现沙漠里的奇景。

最妙的是一种侧向蜃景的奇观。侧向蜃景可以像变魔术一样，把一样原物变成三五成群。在瑞士日内瓦湖，湖的南部被群山包围着。

上午太阳辐射直接照在湖的北部，北部温度高，南部温度低。冷暖差异使空气密度垂直分布产生了变化，使湖面上的物体出现了侧向蜃景。如果湖上有一只游艇停泊着，经过光线的侧向全反射，变成了一队游艇。这种蜃景真是稀罕，它为日内瓦湖的旅游点增添了一种情趣。

奇妙的海

人们通常把地球上浩瀚的咸水区域称为海洋，然而依地理学家看来，海和洋是有区别的。海是比洋小的区域，海是洋的一部分。

地球上有四大洋，而海的数量要比洋多，主要有 54 个。这些海大小不一，有的是海中之海；有的没有海岸；有的是被大陆包围着的海。它们各有各的奥秘，各有各的特征。

最 大 的 海

世界上的海，如果以面积大小来划分，要数珊瑚海为最大，其次是阿拉伯海，再次就是南海了。

世界上最小的海是亚洲和欧洲之间的马尔马拉海，面积约 1.1 万平方千米，它只有珊瑚海面积的 1/453。

珊瑚海是太平洋上的一个边缘海。它的西部，紧靠着澳大利亚大陆；北边是伊里安岛和所罗门岛；东部是新赫布里底群岛；南面大致以南纬 30°线同塔斯曼海相接。面积有 479.1 万平方千米。

珊瑚海上是一片热带海洋风光。在辽阔碧蓝的海面上，点缀着一行行色彩斑斓的岛礁，充满着绮丽的热带景色。

珊瑚礁周围就像是一个巨大的水生博物馆，满布着各种海藻和软体动物，动物在礁石间穿梭游乐；海藻在海水中随波摆动，一片生机勃勃的景象。

珊瑚海又叫鲨鱼海。海中生活着成群鲨鱼，还有乌贼、海龟、美人鱼等动物。甚至在冷水海洋里生活的鲸也会到这儿来做客呢！

没有岸的海

海都是有岸的，可是马尾藻海却没有岸。它位于大西洋中，又名叫萨加索海。

很久以来这个海一直是个谜。海域的范围在哪里？它是怎么形成的？海洋里丛生漂浮的海草从哪里来，又是怎么生长繁殖的？人们对此议论多而结论少。

1492年，哥伦布第一次横渡大西洋时，把在这个海上遇到的情况记在了航海日志里：在离亚速尔群岛西部不远的地方，遇见了一种奇异的浮动的海草。这是一种不平常的植物，在附近却找不到它的苗床。

马尾藻海位于北纬20°～35°、西经40°～75°之间，面积比澳大利亚大。也许读者会感到纳闷，没有海岸的海怎么会有面积呢？这倒也是真的。其实马尾藻海没有海岸却有边界。它的边界通常看不见也摸不着。它躲藏在海水底下，是几条不寻常的海流。大西洋的洋流、墨西哥湾的暖流、安得列斯暖流、北赤道暖流和加那利寒流，它们在一

起作循环运动，把一个 200 万平方千米的海域包围了起来，这就是没有岸的马尾藻海。

马尾藻海里丛生着 1500 万吨海草，在茫茫的大海里呈现出一派草原的风光。

大陆包围的海

地中海，顾名思义就是被大陆团团环抱的海。它位于欧洲、亚洲、非洲之间。地中海东西长 3800 千米，南北最宽的地方为 1800 千米，面积 250 万平方千米。

地中海轮廓曲折，海中有很多半岛、岛屿、海湾与海峡。地中海被海中的一些半岛分割成 7 个内海，它们是爱琴海、亚得利亚海、利古里亚海、爱奥尼亚海等。人们可以遍历这 7 个海而不涉足大洋。它们是地中海的海中之海。

地中海的历史具有传奇的色彩。

据科学家推测，在很远的中生代，地中海并不是一个像现在那样被包围在陆地之中的小海，而是一个夹在两大古陆之间的大海。科学家称这个海为古地中海，也叫特提斯洋。有人估计，那时的古地中海东西长约 12000 千米，宽几千千米。后来因非洲大陆和印度大陆不断

向北漂移，古地中海的地盘越来越小，最后终于变成现在这个样子。

浩瀚的古地中海从地球上消失了，现在的地中海只是古地中海的残留部分。但可以说，古地中海没有消失，因为当年积累在地中海海底的巨大沉积物，还留在喜马拉雅山和阿尔卑斯山上，它成了高山的一部分。

地中海处于大陆包围之中，气候独特。这里冬暖多雨，夏热干燥，海面海水蒸发作用旺盛。地中海每年被蒸发掉的海水超过 4000 立方千米；而每年由雨水、河流返回地中海的淡水却只有 500 立方千米。水量入不敷出，地中海会不会变干呢？

地中海有一个补充水量的秘密。原来由于海平面降低，东西部含盐量的差别，在大西洋和地中海之间产生了有规律的海流，含盐量低的大西洋水从直布罗陀海峡表层向东流入地中海；含盐量高的地中海水下沉，从海峡下部流入大西洋。这两股相反方向的海流约在 100 米深的分界处流动着。上层流量为 175 万立方米/秒；下层流量为 168 万立方米/秒。流入地中海的海水比流出的多 7 万立方米/秒，这部分多余的海水足以弥补蒸发的水分，使地中海的水保持着稳定。

色彩缤纷的大海

碧海蓝天，水天一色。人们印象中的海是蓝色的，它和蔚蓝的天空一样蓝得很美。可是你知道吗？大海不仅是蓝色的，还有各种色彩呢！

蓝 色 的 海

大海是蓝色的，在深深的大海里，海水更是蓝得可爱。没有见过大海，没有亲手舀过海水的人，也许会以为海水本身带点蓝色，许许多多的海水汇在一起，使水蓝得很深沉。当然，这种想法是错的。海水和湖水、河水一样，是无色透明的，它那蓝色是太阳光巧妙装扮的结果。

当太阳光照射到海面时，大海像个透明的三棱镜。太阳光被分成红、橙、黄、绿、青、蓝、紫七种颜色。这七色光线的波长不同，被海水吸收和散射的程度也不同。红、橙、黄光的波长比较长，射入水中穿透力强，容易被水分子吸收，使海水的温度提高。蓝光和一部分绿光，光波比较短，穿透力差，容易发生散射。在深海里红、橙光大都被海水吸收掉了，这就使海水呈现出蓝色了。

Shao Nian Qu Wei Ke Xue Cong Shu

红 色 的 海

在东北非洲和阿拉伯半岛之间，有一片狭长的海域叫红海。红海有些海域微微泛着红色。

红海是红色的，它那别具一格的色彩确实很少见。其实红海的海水同样是无色透明的，它的红颜色是浮游生物蓝绿藻为它装扮的结果。

蓝绿藻是地球上生物的祖先，早在 30 多亿年以前，就已在许多火山温泉或酷热的水域环境里生存繁殖了。蓝绿藻喜欢热的特性一直延续到现在，它以红海为家，是因为这里有适合它生存的得天独厚的条件。

红海地处热带和亚热带地区，气候炎热少雨，两岸是干燥的大沙漠，没有大江大河的水汇入红海来调节气温。狭窄的曼德海峡底部，还有一道隆起的岩岭，限制了红海和印度洋之间海水的往来，使红海的表层水温达到 30℃以上，成了海洋家族中水温最高的水域，喜热的蓝绿藻也就在红海海面上"安家"了。

红海不仅天气热，海中还仿佛蕴藏着正在燃烧的大火炉。原来它的海底有一些热洞，炽热的岩浆从热洞中涌出，使海水的温度升高。

蓝绿藻以红海为家，死亡之后，由蓝绿色变成了红色，它漂浮在海面上，久而久之就像给大海披上了一件永不褪色的红外衣，把海面打扮得红艳艳的，红海因此而得名。

各 色 的 海

除了红海，还有绿海、黄海、黑海和白海。这各种颜色的海虽没有红海出名，但也有其独特的风貌。

浅海的海是绿色的。在那里，栖息着大量鱼类和浮游生物，海底繁生着各种海藻。这些生物群体本身的颜色反映到海面上，绿色的海藻就把浅海打扮成绿色。

黄海是黄色的。黄海的水虽然很浅，应是黄绿色的。可是黄海靠近陆地，是黄河以前注入的地方，由于黄河等河流带来了大量的泥沙，使海水染上了黄色。

黑海是青褐色的。那是因为黑海含盐量很高，深水里还含有有毒的硫化氢，贝类、鱼儿等无法在海里生存。黑海里的水缺乏氧气，生

物的尸体在里面腐烂发臭，使海水变成了青褐色。冬天黑海有强大的风暴，威胁着船只航行。两岸还有高耸暗黑的峭壁。由于这些原因，人们才叫它黑海。

白海是白色的冰雪世界。白海位于北极圈附近，冬季有漫长的严冬，海边覆盖着皑皑冰雪，海上漂浮着白色的冰山，呈现出一片白色的世界。

万紫千红的海

人们在太平洋上航行，常常可以看到一种非常奇特的自然现象：海水红一块、黄一块、绿一块，错杂在一起，万紫千红的海面成了一座无边无际的花园。

这种海水开花的现象，多见于太平洋、印度洋和大西洋等处的浅海区，以日本海、东海、南海、阿拉伯海和加勒比海等处最常见。

经过观察，海水开花的现象并不神秘。原来，这些水里繁殖了大量浮游藻类植物。不同种类的藻类植物有不同的色素，随着季节的交替，变换着不同的颜色，以致使海水开放出不同颜色的花朵。

海水开花在热带海面上终年不断，它的色彩虽多，也有观赏的价值，但却给航行在这种水域的船只带来困难。水中无数的生物体阻挡船的航行，还会塞住船舶的吸水口。

大海不仅是蓝色的，也是多彩的。这些色彩的描绘者是大自然。色彩随温度、深度、盐度等变化，也与周围的环境有关。各色海的秘密，你该知道了吧？

大海里的"灯火"

大海波涛起伏，碧波万顷，这是一个水的世界。水火是不相容的。可奇怪的是，海上会像着火似的燃烧起来，并且发出异样的光亮。

形形色色的海火

1975 年 9 月 2 日傍晚，在江苏省郎家沙一带，海面上发出微微的亮光。随着波涛起伏跳跃，亮光就像燃烧的火焰一样翻腾不息。当渔船驶过时，激起的水流异常明亮，如同灯光照耀，水中还有珍珠般闪闪发光的颗粒。一直到天亮，这"火"才熄灭。

1976 年 7 月，在秦皇岛和北戴河一带的海面上，人们也看到了发光现象。有人在秦皇岛油码头，看到了海中有一条火龙似的明亮光带。

在日本，还有更离奇的海火现象。一个渔民晚上乘船在波浪中行驶，他看到波峰上的闪光就像电灯那么明亮，借助这个光，还能看清衣服上的花纹呢！

海中之光常常会给航行在大海中的水手造成错觉。

1909 年 8 月 11 日半夜，"安姆布利亚号"轮船向科伦坡驶去，途中发现东南方向有亮光，开始时以为是城市和港湾的灯火呢。后来亮光越来越强,这才清楚地看到这不是什么城市灯光,而是海面发出的一条光带。

第二次世界大战的时候,美国的一艘舰艇驶向日本群岛时,遇到了海光。舰上的水兵以为在那里有一个日本舰队,为此还虚惊一场呢!

奇妙的发光生物

海上为什么会发出光?为什么会燃起"火"?这个谜科学家已经逐步揭开了。在海洋这个大世界里,无论是广袤的海面,还是深邃的海底,都生活着形形色色光怪陆离的发光生物。正是它们给没有阳光的深海和黑夜笼罩的海面带来光明。

海洋里的发光生物相当普遍,有放射虫、水螅虫、水母、腰鞭毛虫和许多甲壳类和多毛类,其中以各种发光细菌最为重要。它们大多

生活在热带和温带的海洋里，某些种类也可以生活在浮冰覆盖的海水里。有一次，一艘破冰船在夜间工作，它撞击在北极地带的海冰上，溅起了星星点点的碎冰屑，于是黄色、绿色和红色等五光十色的火星腾空而起，犹如节日里放的烟火。

电棒鱼是一种小墨鱼，约 6.5 厘米长，两只眼睛下面各有一个小小的发光器官，发光器官里充满了发光细菌。迄今为止，这种细菌还不能在实验室里培养出来呢。

电棒鱼的发光器官上有个盖子盖着，需要的时候才打开它。电棒鱼利用这个发光器官，可以施行各种复杂的战术。当它受到攻击时，它就打开发光器官，慢慢地游，然后突然关闭，换个方向迅速地消失在黑暗之中，在脱离危险之后，又重新把发光器官打开。一分钟里，电棒鱼可以开关 75 次，把追赶它的敌害搞得晕头转向。

电棒鱼跟它的同类朋友进行通信的方法更为复杂。美国加利福尼亚大学的莫林教授是研究生物的专家。他把两条电棒鱼带回实验室，安置在两个相邻的水箱里，处于黑暗的环境之中。教授发现，它们用迅速开闭发光器官的方式互相打信号。当他把一块黑色的板将两个水

箱隔开时，电棒鱼的"对话"也就停止了。

在海底的沙质沉积物上，有时会发现发光的海龟。海龟不会移动，因此它很容易被捕获。当海龟受到攻击时，它能利用自己的武器——复杂的光电池进行对抗。光电池发出的光极亮，足以使敌害头晕目眩，无法辨别方向，最后被海流冲走。

另外还有一种海龟，它具有盗窃紧急系统，当敌害接近时，它就把黑暗中的偷袭者照得雪亮，使其暴露目标，被比它更大的掠食动物吃掉。

更加有趣的是一种能把发光的光照进自己气囊的鱼。气囊是个银白色的器官，起着球面反射器的作用。它能把入射的光反射回去，照亮自己的身体。它在深水中游动时，看上去就像一只水中的飞碟。显然这样它能迷惑敌人。

可见，生物发光的本领，对自己的生存有着特殊的作用。

光来自哪里

海洋里的发光生物为什么会发光呢？科学家认为，秘密就在海洋里的一些发光细菌上。大海里大约有 70 多种发光细菌，有趣的是这些细菌多数生活在别的动物身上，成了生物发光的光源。

科学家为了揭开生物发光的秘密，在实验室里，让小虾感染上了发光细菌。48 小时之后，虾体开始发光，以后逐渐增强，以致两条不到 1 厘米长的小虾发出的光亮能在黑暗中照亮表盘。还有一次，有人把发光菌注入蛙的脊淋巴囊内，蛙体也会发光。

科学家发现，会发光的生物体内有两种物质：萤光素和萤光酶。当萤光素吸收了氧和糖分子，在萤光酶的催化下发生化学反应时，就会发出可见光来。更有趣的是，这些生物体发光时，它的能量转换率几乎达到100％，不像电光源会产生热量。于是科学家把这不带有热量的光叫做"冷光"。

在深海里，可供发光细菌生存的养料有限，所以鱼体和鱼腹就成了它们繁衍生息的理想之地。发光细菌附着在鱼想吃的东西上，又发出闪闪亮光，无疑成了鱼的诱饵。鱼吃后不但饱了肚子，而且还获得了发光菌产生的酶。这种酶对消化鱼所爱吃的那些甲壳动物是至关重要的。

海浪燃烧之谜

人们把海洋里的生物发光现象称为海火。夜晚，当人们泛舟海上，随着船桨的摆动，就会激起万点火光。我们已经知道，由于水的扰动，使含有发光菌的浮游生物，发生了氧化作用，才发出灿烂迷人的火花。

因此，在没有人为原因的情况下，海上出现异样的亮光，是一个危险的信号。每当发生地震和海啸时，海火总预先出现。因为海水受地壳变化的扰动，发光菌就会放光。郎家沙、秦皇岛和日本海面上出现的奇异怪火，就是地震海啸的前兆。

其实发光生物引起的海火并不是真正的火。海上燃烧起真正的熊熊烈火，这种情况比较少见。几年前，气象卫星测得一次高达34米的海浪，卫星照片上，排排巨浪的顶峰上都燃着烈火。1977年，在印度洋上马德里斯的一个海湾附近，海面上也燃起了滚滚的大火。

这种令人费解的情况，经过科学家潜心研究，总算揭开了秘密。原来海火燃烧那天，飓风的速度高达每小时280千米。风与海水发生高速摩擦，产生了巨大能量，使水分子中的氢原子和氧原子分离，才发生了爆炸和燃烧。根据推算，那燃烧的大火能量，相当于爆炸200颗氢弹释放的能量，威力可真大呀！

珊瑚建筑师

在热带海洋里，分布着一些大大小小的环状岛屿，像一颗颗珍珠和花环，镶嵌在绿色的海面上，把大海点缀得格外美。

说起这些岛屿的来历，真要为热带海洋里的珊瑚记上一功呢！

珊瑚小，本领大

珊瑚是植物还是动物？在过去很久的一段时间里，人们都搞不清它的身份。看它的形状，都认为它是植物呢！如世界著名的生物分类学家林奈，就称珊瑚为植虫。也有一些生物学家称珊瑚为植物或者藻类，并把它归入隐花植物类。直到 1723 年，法国科学家庇拉松涅尔和特拉姆波尔对珊瑚进行了剖析，才彻底弄清了它的身体构造，也才确定了它的真实身份。原来珊瑚不是植物，而是一种低等的腔肠动物，它比单细胞的原生动物和多细胞的海绵动物略高一等。它的构造非常简单，体壁由外胚层、内胚层和两者之间的中胶层组成。身体中央有个消化腔，顶部有个孔，既是口又是肛门。孔周围有许多触手，是捕食的工具。

珊瑚有的是一个个单个儿活动的，而绝大多数的珊瑚聚集在一

起，不能自由自在地行动，它们固守在一起，过着群体的生活。

波浪和海流从别处带来的浮游生物，是珊瑚虫的食物。当珊瑚虫用它那口周围的触手激起一股小小的水流时，小动物就流进了它的口中，就好像送上门来的佳肴一样。

珊瑚群体的形状多样，有树枝状、叶状、块状和牡丹花状。它们具有各种鲜艳的色彩，有红色的、绿色的、紫色的、黄色的、粉红色和黑色的，丰富多彩；特别是珊瑚虫口周围，生着许多花冠似的触手，更加增添了情趣，犹如万花争艳，形成了海底花园。

每一个小小的珊瑚虫都是灵巧的建筑师。珊瑚有极其发达的骨骼。有些种类骨骼生在体外，犹如杯状；有的种类骨骼却分散于体中、体内、体外的胚层间，犹如许多棒状、瘤状和六角、八角形的骨针。这些骨骼就是建造珊瑚礁及岛屿的主要材料。

珊瑚虫不断地繁殖，它主要是以出芽和分裂的方法进行生殖和繁衍自己的子孙后代的。在繁殖的过程中，群体逐渐形成，范围越来越大。它们的骨骼紧紧地联系在一起。就这样，子子孙孙地繁衍下去，世世代代地积累起来，珊瑚死后的骨骼就成为海洋中的礁石和岛屿。

科学家非常赞赏珊瑚虫的建礁本领。有人曾经说过：即使是最小的一个珊瑚礁，也远远胜过人类最伟大的建筑功绩。一个大型的环礁结构，它的重量，竟接近于地球上的所有建筑物的总和。

珊瑚礁上的动物

珊瑚礁的海底是美丽的，好像是个水下大花园。那里不仅有五光十色的珊瑚，还有大量和珊瑚朝夕相处，相依为命的动物。

珊瑚礁鱼是这里的常住居民。珊瑚虫具有天然的刺螫，可以防止鱼类的天敌，是这些鱼儿的保护神。同时，珊瑚礁也离不开这些鱼儿做伴，因为鱼儿是这里不可缺少的清洁工。别看这些鱼儿游来游去，悠闲自得，却时时刻刻在尽自己的天职，清除着周围一些动物的遗体。

因为，有这些动物遗体堆积着，浮游生物就不愿流入珊瑚的口腔附近，直接影响着珊瑚进餐。而且，尸体堆积破坏了这儿优美的水下环境，破坏了水质。瞧，珊瑚礁鱼和珊瑚礁配合得多好！

各种各样的软体动物，如牡蛎、笠贝、石鳖等，它们附着在珊瑚礁的表面。蜘蛛贝、海天牛等爱在珊瑚礁上爬行。它们死后，身上的介壳也与珊瑚虫一起建筑和扩大着珊瑚礁。

海参也是个堆礁能手。它吞食了动物的骨骼残骸之后，把那些消化之后留下的石灰质砂块排出体外，也为珊瑚礁的建造出一份力呢！

当然，住在珊瑚礁里的居民不全是珊瑚礁的朋友。有一些动物就是珊瑚礁的破坏者。最厉害的要数软体动物砗磲、铃蛤等。砗磲是贝类中最大的一种，它常用锋利的贝壳边缘，挖掘珊瑚礁。

寄居蟹是珊瑚礁的客人。每当它遇到敌害侵犯时或者在退潮的时候，它就躲进了珊瑚礁的孔穴内，这儿是它最安全的地方。

海上热带雨林

珊瑚礁是热带海洋中特有的产物。组成珊瑚礁的珊瑚虫要求充足的阳光，一定的水温和清澈的海水，才能满足与它共生的藻类进行光合作用。

岛礁丛中，生长着各种各样的生物。礁石上寄生着各色海草、花卉、灌木，海水淹没处又成了鱼类栖息的理想场所。珊瑚礁真是一个生机勃勃的生态系统，生物共同生活在一起，谁也离不开谁。

最典型的要数珊瑚虫和虫黄藻的关系了。藻类植物虫黄藻体形很小，它在珊瑚体内几乎无处不有。虫黄藻吸收珊瑚排出的二氧化碳、磷酸盐和硝酸盐，通过光合作用，制造出氧气、各种维生素、激素等其他生命所需要的物质供给珊瑚，同时，帮助珊瑚分泌钙质制造骨骼。

就这样珊瑚与虫黄藻共栖、共生。当珊瑚虫上虫黄藻过多时，一些软体动物就会吃掉一部分虫黄藻，以免珊瑚虫遭到危害。有些软体动物还会把吸管伸入珊瑚胃中，帮助珊瑚清除脏物和细菌。当然珊瑚虫也会刺激周围的小虾和微生物，用触手把它们送到自己的嘴中去。

珊瑚礁中这种生物互相依存，生生不息，自我净化环境和保存营养的繁荣局面，被科学家称誉为海洋中的热带雨林，是人类的一宝。

珊瑚礁正面临威胁

珊瑚礁为人类带来了许多好处。它建造了岛屿，为人们提供了生活和耕作的土地；岛屿周围的环礁，成了岛上居民防风挡浪、建立港口的天然防波堤；礁上的海草灌木，引来了多种鱼类，招徕了各色飞禽；色彩斑斓的珊瑚，是人们喜爱的装饰品。可是科学家发现，珊瑚虫正面临威胁。

近年来，南太平洋中经常发生珊瑚神秘失踪的事件。澳大利亚的科学家发现，原来是一种大个头的星鱼在作怪。这种鱼似一个圆盘，直径 1 米左右，周身长有 16 个锐利的爪子，上面布满了毒刺，能放出一种具有化骨软石功效的液汁。这种鱼最爱吃珊瑚了，胃口之大真是令人震惊。一条星鱼一昼夜要吃掉 2 平方米的珊瑚礁。因此，"救救珊瑚"，已成了海洋环境保护者的强烈呼声和艰巨的任务。

水下的植物世界

陆地上有花草树木，有庄稼田园。绿色的生命点缀着千姿百态的大地，呈现出一派生机。陆地上名目繁多的各类植物真是多得数也数不清。

海洋与陆地是两个完全不同的环境，你能想象在茫茫一片的海水之下，也有一片由海底植物构成的森林世界吗？科学家告诉我们：海洋里不但有植物，而且还十分壮观呢！那里的"树"和"草"多得令人惊叹，形成了名副其实的海底森林！

你会问：海洋里的植物和陆地上的植物一样吗？从种类上来分，海洋里的植物和陆地上的是不一样的。

海洋里的植物绝大部分是海藻类。它们是一些微小的低等植物。它们的形态主要是单细胞的、丝状的、膜状的和叶状的，没有根、茎、叶的区别。它们不开花，也不结果，用孢子来繁殖后代。而陆地上的植物，属于高等的植物。它们开花结果，用自己的种子繁殖后代。

海洋植物属于低等的植物，它只能和菌类相提并论，构造也是非常的简单。可是，它们却有着顽强的生存能力，有着惊人的繁殖速度。它的产量可高呢！

生活在内地，没有到过海边的少年朋友，也许对海洋里的藻类植物是很陌生的。但是，你一定吃过海带或者紫菜吧！那鲜美的菜肴，就是来自海洋里的海藻。它们具有很高的营养价值，含有丰富的蛋白质和维生素，比陆地上的蔬菜还珍贵呢！

海藻的一家

海藻是个大家庭，成员可多啦。它们共有九大门类：绿藻门、眼虫藻门、甲藻门、硅藻门、红藻门、金藻门、黄藻门、褐藻门和蓝藻门。其中绿、褐、红、蓝这四种藻是固定生活在海洋底部的，其他的五种是海洋里的"游子"，过的是浮游生活。

绿藻生活在沿海，它那绿色的"叶片"随着海水漂动，犹如鲜嫩的蔬菜，沿海的居民称它为海菠菜或者海白菜，采摘下来后可以当菜吃呢！

褐藻的颜色是棕褐色或者橄榄绿色的。海带和裙带菜就是褐藻的一种，它具有很好的经济价值。经过人工养殖，它的产量很高。

红藻的"家庭成员"有4000多种，它以那令人耀眼的鲜红色而得名。紫菜就是这个大家庭中的一员。

蓝藻表面很粘，所以别称叫粘藻。它身"穿"蓝绿色的外衣。在

它大量死亡的时候，由蓝绿色变成了红色，会使海水变红。红海的颜色就是让它给染红的。

眼虫藻在浮游藻类中显得很特殊，是一种具有鞭毛的单细胞藻类。由于它在某些方面和动物相似，所以动物学家把它称作眼虫。

硅藻和甲藻是海洋有机物的主要生产者。它们为鱼类和海洋动物带来了充足的食品。人们称赞它们，把它们当成是海洋中的牧草。

海洋中的藻类，在阳光下吸收二氧化碳，不断制造氧气，源源不断地输送到海水中。海洋里如果没有海藻，就像陆地上没有空气一样，生命也就无法在大海里生存。海藻真是个宝！

海中"巨杉"

我们知道，地球上最高的树是巨杉，它有百米之高，相当于30多层的高楼呢！可是，它却称不上是地球上最高的植物，你知道这是为什么吗？原来，地球上最高的植物长在海洋里，它叫"巨藻"。

巨藻顾名思义，它是以巨大的藻体而得名的。根据资料记载，它的高度可达几十米到100多米。甚至有人说，最高的巨藻有500米！难怪巨杉在巨藻面前不过是矮个子的小弟弟了。可见，巨藻在藻类世界里可称王，在地球的植物世界里也可称王了。

巨藻分布在太平洋沿岸、非洲南部沿岸及大洋洲沿岸。

巨藻的"茎"很细，直径只有0.5～2厘米，它有很强的韧性，在水中随潮流自由弯曲摆动。

它的"叶片"长约10～100厘米，基部有一个气囊和一个短柄与"茎"连接着，气囊能使叶片浮游到水面上，以便接受阳光的照射，进行光合作用。巨藻茂密的叶片，能够覆盖很广的海区，甚至可以达到数百平方千米呢！

巨藻是藻类王国里的寿星。比起一些朝生暮死、个体微小的藻类植物来，它可算得上是老公公了。它的生活期达 12 年之久。

巨藻全身是宝。它含有丰富的蛋白质、多种维生素和矿物质。它不仅可以当菜吃，还可以作为家畜的饲料，作为农田里的有机肥以及工业的原料。从巨藻中可以提炼很多化工原料。

巨藻不仅个大，生长速度也惊人，是地球上生长速度最快的植物，一年能生长 50 多米。它有很强的再生能力，收割之后，它还会继续生长。

海底"树丛"

在南太平洋沿岸，生长着一种海藻，它的外形和地面上的树十分相像。"树干"的上部具有不规则的树杈状的分枝。在分枝上，向下垂挂着约 1 米长的"叶片"。"树根"固定在岩石上。它有 3 米多高，躯干直立，很粗壮。

这种树状的海藻，"木质"很硬。用它制作刀柄，既结实又耐用。

在北美洲，美国的加利福尼亚到加拿大的温哥华沿海，生长着一种酷似棕榈树的海藻，它不怕波浪，挺立在海底的岩石上。它的"茎"表面光滑。在"树杈"的分枝上，垂挂着很多叶片。

北美洲和太平洋沿岸阿拉斯加和洛杉矶之间的沿海，在水深 5~25 米的海底，生长着一种海胞藻。它是一年生的植物，生长速度快得惊人。90 多米高的身长，却只有 1~2 厘米细的茎，真是个细高个儿。它的末端有一个气囊，囊内盛满了混合气体。气囊的顶部叉状分支的短柄上有几十张叶片。它的基部围在岩石上。整个藻体好似一只系着无数条缎带的气球一样，随风荡漾，煞是好看，人们叫它缎带藻。

　　海洋里的植物海藻唱主角，但也有一些植物是配角。这些配角是海洋里稀少的高等植物。

　　海洋里的高等植物草本是海草，如鳗草、激浪草、海龟草，大约有 45 种，它们生活在热带的海湾内。另一类是木本的，叫红树，它们是生活在潮间带的灌木和乔木。它们不完全浸没在水中，即使潮水把它们浸没，它那高高的不定根，也会把树冠撑出水面来。大片红树沿着海岸形成高高的红树林，它们默默无闻地保护着海岸不受海浪的侵袭。

危险的海洋动物

海洋里有很多动物，它们为了生存的需要，总有一些保护自己、防范敌人的办法。有的还藏着秘密"武器"呢！其中有一些海洋动物对于人类来说，具有极大的威胁性，是我们的"敌人"。

海胡蜂——箱水母

澳大利亚北部沿海，地处温带。海滩上生长着大片的红树林。红树海滩风光美丽，浅海里又有许多形形色色的海洋生物，是著名的旅游胜地。天然的海滨浴场每天要接纳很多游客。如果去红树林海滩游泳，下水之前，海滨浴场的安全员会再三叮嘱，要注意防范一种比鲨鱼还可怕的动物——箱水母。

这种害人的箱水母外形像海蜇。它虽然看上去浑身透明，却具有黄蜂似的毒刺。被它蜇过的人，许多年以后还心有余悸呢！

1983年，一位9岁的女孩在海滩边拾贝壳，她刚走到膝盖深的海水中，忽然感到右脚一阵剧痛。她发现自己的脚被一些淡紫色的触手缠绕着，这就是箱水母的触手，她伸手去扯，可越扯越疼，好像被黄蜂叮住似的。不久她就晕了过去。她的爸爸用沙子把水母的触手从她

脚上擦去；妈妈用一瓶醋倒在伤口上消毒，这才把女孩救了过来。幸亏蜇她的水母较小，毒性不大，不然她就没救了。

箱水母的毒腺藏在它的触手里。在显微镜下，它的刺细胞好像一支支竖起的渔叉，能刺入皮肤。这种毒腺是一种神经毒素，中毒后，轻者疼痛难忍，重者导致死亡。

箱水母虽然非常狠毒，但在海洋里也有它的天敌，鹰啄海龟、三刺鲳鱼和圆脸蝙蝠都喜欢吃它。笨拙的水母在它们面前，也只有死路一条了。

贪吃珊瑚虫的海星

珊瑚是建筑礁石的能工巧匠，海洋里的珊瑚礁都是它的石灰质遗体堆积而成的。可是珊瑚虫这世世代代的杰作，却面临着威胁。有一种长棘海星，它对珊瑚的进攻非常厉害。一只这样的海星，一个月可吃掉1个立方米的建礁珊瑚虫！

　　长棘海星"穿着"一身褐绿色的外衣。它身长60厘米，有15～21个腕。腕上长有5厘米的毒棘，腕下并排着许多小吸足。它的胃对着珊瑚礁，专拣珊瑚虫吃。吃完之后，它把石灰质留下，在海水的冲刷下，珊瑚礁一块一块地遭破坏剥落。据统计，现在已有10％的著名珊瑚礁，被贪婪的海星毁灭了，有的面积达250平方千米以上呢！马里亚纳群岛中最大的珊瑚礁——关岛，从1967年起，已被海星吃掉了98％，距离缩小了38千米。即使制止了海星的危害，让珊瑚重建建礁，至少也要花100～200年呢！

　　海星如此猖獗地贪吃珊瑚，潜水员遇到它恨不得把它砍死、剁碎。可这样做非但不能杀死它，反而使海星越来越多。原来海星能进行无性繁殖，被砍的碎片，可以长出一个个新的海星来。

　　对付海星最有效的办法是，人工培养一种梭尾螺和一种海虾。它们天生与海星为敌，是专吃海星的能手。这种方法已经有了效果。

　　海星也会蜇人，被它蜇过之后，非常疼痛，被蜇者会引起发烧。水中的动物如果碰到海星那张粗糙的棘皮，也会中毒。海里也是海洋

里的危险动物之一。

深海中的霸主—— 巨鳍

在深海里，常常潜伏着危险。海洋动物出没的地方，有一个大嘴巴的动物——巨鳍，躲藏在珊瑚礁和一些沉船的后面。路过这里的海洋动物，会一个个地落在它那张血盆大口中。

说起巨鳍，潜水员和下海采珠的人，对这伺机行凶的动物，总会大惊失色。他们中的伙伴神秘地失踪，很可能就是成了巨鳍的囊中之物了。

巨鳍以嘴巴大闻名。它的上下颚布满了小孔。当小孔进水时，可以协助它的大嘴，吸住所有的海生动物，就连海龟这样的庞然大物也不例外。

巨鳍的嘴像一个抽水泵。据科学家研究，这只抽水泵的力气可不小，能吸住 500 千克的物体，可见它凶狠的程度。难怪它在深海中能称王称霸呢！

长满毒棘的豪猪鱼

豪猪鱼是一种剧毒的海洋鱼类，它浑身长满了毒棘，活像一只小刺猬。这种毒棘其实是鱼的鳞片变成的。毒棘里的毒素，与河豚鱼的毒不相上下。人体一旦被它刺中，就有生命的危险。

豪猪鱼感觉灵敏，有很高的警惕性。一旦周围出现风吹草动，它就会立即做出进攻的反应。它吞咽水和空气，使自己变成充足气的皮球，从深海中弹出水面来。这时候，它浑身的毒刺一根根地竖起，摆

出一副威风凛凛、神圣不可侵犯的模样来。

豪猪鱼有一个肉质似的、像鸟一样的嘴巴，当它紧缩嘴唇时，就会从口中射出一束水流来，突然袭击那些在海底爬行的螃蟹等动物。于是，被袭击的动物就成了它的美味佳肴。

体内藏刀的剥鱼

剥鱼是一种热带鱼。与它漂亮的同伴相比，剥鱼相貌平平，没有绚丽的条纹外衣。

剥鱼的尾鳍基部有一个特殊的结构，各藏有一排锋利的刺，就像是外科医生用的手术刀。平时这个武器藏在鱼体的凹陷处，只有一部分露出外面。一旦它受到刺激之后，"手术刀"就会即刻出鞘，它随着尾巴的摆动，胡乱地砍杀一阵。与它相遇的来访者，往往被它砍得遍体鳞伤、血迹斑斑后还不知是怎么回事呢！

被剥鱼砍伤的人，会感到疼痛难忍，还会发烧，肿胀的伤口要很久才会愈合。它究竟有没有毒，至今没有搞清楚。

多足蛇妖——章鱼

　　章鱼是个多足的怪物，身体暗红，布满铜钱似的花斑。它的触手有几米长，一旦被它缠住，是非常危险的。

　　有一次，一位潜水员接到一个命令，去海底寻找一枚失落的火箭弹头。他刚潜入水下，在一个黑乎乎的大洞里，被一只怪物抱住了。那怪物的触手有几米长，像蛇一样游动着，把潜水员拖进洞中。潜水员伸手一摸，不禁大吃一惊，那两根巨索是冷冰冰、光溜溜的。他用潜水刀朝巨索捅去，糟糕！像块橡皮。他想反抗，可越是反抗，那怪物把它捆得越紧。正当危急的时候，他的战友出现了。战友熟悉那家

伙，原来这怪物是条章鱼。它的习性是爱追捕活动的动物，对不动的东西不感兴趣。战友暗示被章鱼缠住的潜水员不要动——装死。然后他对准章鱼的要害——两眼之间的大脑中枢砍去，章鱼马上松开了触腕，放了一股墨水逃跑了。

章鱼十分精灵，据说连鲸也斗不过它呢！它的神经非常发达。解剖学家测量了它的神经，最粗直径达18毫米，比哺乳动物还要粗。它身上的黑、褐、赤棕、橙、黄等色，可发出金属光泽，根据环境需要，色彩和花纹也随之而变化。它游得非常快，时速可达36千米，潜水员称它是海洋里的"活火箭"。

章鱼对人的威胁，主要靠那触腕上几百个大大小小的吸盘。吸盘的周围有骨质的锯齿，尖锐如针，形状和大小犹如虎爪，一旦吸到皮肉上，准会挖出洞来。

章鱼称得上是一种海洋里的危险动物。

海洋里的音乐会

在万籁俱寂的迷人夜晚，水手们在停泊的船上或在海滨漫步，他们会听到一些很难辨别的声音。是远处传来的雷声吗？不是。星月当空，天气非常好。是风吹动时发出的声音吗？也不是。水是那么的静，没有一丝波动。如果再仔细地倾听，会发现这声音原来来自水下，是海洋里的生物群在说"悄悄话"。

很久以前，传说海里有鱼妖，每当夜深人静的时候，它就会跑出来，唱起一阵阵忧伤低沉而委婉的曲调，如诉如泣，像在控诉渔民们滥捕鱼，给它们的家庭带来的灾难。

当然，科学家是不信迷信的。海洋里也没有什么鱼妖。而能唱歌的鱼和能哼出曲调的海洋动物倒是有不少。海洋是个喧闹的世界，那里的声音可丰富啦。

打击乐、管弦乐和歌唱家

水下的鱼儿种类多得真是五花八门。它们发出的声音也都千奇百怪，各色音调都有。

有一种鱼，人们叫它鼓鱼。它发出的声音如咚咚敲打的鼓声，难怪有鼓鱼的雅称。它是海洋里的"敲击"能手。螃蟹的几只脚，常会拨弄出犹如竹板发出的敲击声，这两种声音组合在一起，真像是一组打击乐器发出的呢！

比目鱼发出的声音是轻声低吟。它时而像风琴奏得扣人心弦；时而像在拉提琴深沉回响，如同管乐和弦乐在演奏。

歌喉最为优美动人的是那些赛音鱼。它们发出的声音，听起来好像人在歌唱。所以人们把赛音鱼比作海洋里的歌唱家。

有一回，一位水手在小艇上休息，忽然耳畔传来呼噜呼噜的鼾声，像是一个熟睡的大汉从鼻腔中发出的声音一样。他四处寻找，没有发现有人，更没有人在近旁睡觉，令他好生奇怪。到底是水手，对大海很熟悉。他侧向大海仔细聆听，哟，这声音就是从海水中传来的。原来这奇怪的鼾声是一条刺鲀鱼发出的。

糟糕的歌手是鮟鱇鱼，它那别扭的嗓子发出的是老人的咳嗽声，听了怪让人难受。

很多海洋鱼儿发出的声音，听起来真像是其他动物发出的。例如，小鲹鱼的声音，听起来好像是蜜蜂飞翔时发出的嗡嗡叫声；电鲶的声音，很像是猫在吼叫；箱鲀的声音酷似犬吠；小青鱼的声音像欢唱的

小鸟叫；沙丁鱼叫喊时的"哗哗"声，就像波涛拍岸声；黑背鲲的"沙沙"声，就像秋风扫落叶；竹笙鱼的吱吱声，如同梳子梳头声……

在许多海洋鱼类动物中，脾气最坏的是那长着胸鳍的鲂鲱鱼。它们在海洋里天天吵闹不休，发出哇哇的喊声，即使被抓上了渔船，还会大叫大喊，片刻也不安宁。

海洋里有许多虾，也会发出古怪的声音。大海虾发出的声音是卡嚓、卡嚓声，挺有节奏。大鳌虾发出的声音是"砰砰砰"的声音。要是来了一群大鳌虾，它们一起唱的话，就像是海洋里炸开了锅，非常热闹。

海豚和鲸，它们也会发声。海豚还是个发音高手呢！可惜，它发出的声音中有很宽的一部分是超声波，只有一小部分是我们能听到的"吱吱"声。

美国有两位生物学家，与鲸做伴，研究鲸的声音20多年。他们发现，鲸的声音是一年一个曲调，每年创作一支新歌。到一个新的地方，就要换一个调子。但旋律始终不变。

它们没有歌喉

海洋里的动物，虽然它们都能"唱歌"，但它们却没有歌喉。它们是用什么发出声音、唱出曲子的呢？

原来，它们的发音本领是各显神通的。

对鱼儿来说，它们的发音器官主要是鳔。鳔是鱼儿的"潜水器"，是一个充满气体的鱼泡泡。收缩时，鱼儿下沉；膨胀时，鱼儿上浮。欧洲鳗鲡及一些鲤鱼，就是利用鳔收缩放气时发出声音的。有的鲶鱼发出的声音十分清脆悦耳，听起来好像是小提琴的声音，它是通过与鳔相连的肌肉振动发出声音的。在大海里喧闹不休的是大黄鱼和小黄鱼，它们的声音是由鱼鳔外两块长条形的肌肉收缩而直接发出来的。有些鱼类的鳔虽然不会发出声音，但是它能作为共鸣器，起到扩音的作用。例如鳞鲀的咽齿或者肩带的匙骨发生摩擦，通过鱼鳔的共鸣，就会发出很响的声音来。

虾儿的发音方法是靠两只大大的螯。在螯摩擦甲壳的时候，发出卡嚓卡嚓的声音来。

海豚和鲸发声时，收缩鳄部的肌肉，使头部鼓成圆圆的一大块，这是它的共鸣腔。

海洋生物奇妙的发音方法，真是各有各的特点。

奇妙的语言

海洋里的动物，为什么这样喋喋不休地唱歌？它们在说些什么，表达什么意思呢？

鱼儿唱歌发出各种声响，是它们特殊的语言功能。它们有时是为了寻找自己的伙伴。有时是为了借助于声音来吓唬敌人，如大螯虾，发现敌人追赶时，就会发出"噼噼啪啪"的声音。它们有的借助声音的频率变化，发现和避开障碍。有的是到了排卵期，发出自己生理变化的信号。声音里包含的语言信息内容可丰富啦。

有经验的渔民能听懂大小黄鱼的叫声，他们正好能根据声音辨别鱼群，进行捕捞。

海洋动物的语言被研究得最多的是海豚。

海豚和鲸过着群居的生活，由于水下光线暗弱，视界不清，更需要用声音来传递消息，因此耳朵长得特别灵敏。它们会发出弹拨声，利用回声来定位。也会发出"吱吱"声，相互交谈。白鲸是海上的健谈者，英国的航海家早就称它为海洋里的金丝雀了。

科学家对海豚进行观察研究后，发现了很多秘密。他们在一个狭窄的海湾里，设置了一种由绳索悬挂着很多铅丝的栅栏。一艘科学考察船用水听器侦察水下消息。海面上突然游来了5只海豚。水听器记录到了海豚在500米外就觉察了这个障碍物的情况。有只海豚游到栅栏前，探索了一番，再回到原地，与同伴交谈。交谈时发出一连串刺耳的"吱吱"声。当它们觉得没有危险的时候，就一起游进了海湾。

海豚的声音虽同是吱吱声，却有抑扬顿挫，升调和降调的区分。有的表示求救，有的表示亲热。经过训练的海豚还会学发音，与人"谈心"呢。

座头鲸有灵敏的听觉，它的"歌声"有哼哼声、呼噜声、嗥叫声和短促的尖叫声，歌声中包含着复杂的语言。它们在说些什么？动物学家把这种模式的每支歌，编成8～10个音的主题曲，每支曲唱15分钟～30分钟。科学家认为，鲸唱歌和鱼唱歌一样，是同类间求爱的呼唤；或者是警告声，表示不得靠近。

人们利用海洋动物会发声"唱歌"的特点，用声音来诱捕鱼群，用声音来放牧鱼群。科学家把它们的"歌"录下来，通过水下"音响"，播放"歌曲"，吸引了很多鱼儿。水生动物的语言录音带，为海洋里的音乐会，又添了一曲新的篇章。

到海洋里耕海放牧

蛋白质宝库

海洋是鱼儿的王国，在那里居住的鱼儿多达 25000 种，还有各种各样的蟹、虾、贝与它们为伍，在大海中游弋，真是生气勃勃。海洋里的藻类构成了海中的植物世界。海生植物生长在浅海海域，像海底茂密的森林和草原。它们在蓝色的海水中摇曳，真是五光十色。

在这个充满生机的蓝色世界里，海洋动物和植物，蕴含着数量惊人的蛋白质。科学家推算，在不破坏生态平衡的情况下，海洋每年能向人类提供 30 亿吨的水产品。海洋每年能生产的动物蛋白质约 4 亿吨，约相当于现在人类对蛋白质需要量的 7 倍。这对于人类来说，具有极大的诱惑力。

可是，这些年来，海洋提供的鱼产品越来越少，人们爱吃的黄鱼、带鱼和乌贼数量骤减。这是什么原因呢？原来捕鱼捉虾，很久以来都是只捕而不养。渔民们把海洋当作一个猎场，他们在近海捕捞一些自然生长的鱼虾。这种捕食的方式，基本上处于原始状态，像陆地上原始时代只能采摘，不能栽培那样，只能捕捞而不能养殖。科学家认为这样下去，会引起坐食海空的后果。加上狂捕滥获、污染，破坏生态平衡，所以能捕到的鱼越来越少。

我们能不能像陆地上种植庄稼、放牧牛羊一样，到海洋中去开辟农场、牧养鱼儿呢？虽然早在 3000 多年前，我们的祖先就在池塘湖沼或江河中人工养鱼，但现在要以茫茫大海为鱼池，简直是狂想。海生植物不会自己活动，养殖和管理比较好办；海生动物是能跃善游的鱼类，行动迅速，四海为家。大海毕竟不是池塘，要鱼儿听话，顺从地在一个小范围里活动，哪能办得到呢？海洋牧场的设想虽然不错，但困难是明摆着的。

鱼儿的乐园—— 人工鱼礁

一件奇怪的事给人们以很大的启示。事情发生在日本广岛南面一个捕不到鱼的海湾里。海湾里曾经有一艘军舰沉没在海底。有个渔民偶尔在那里撒网，出乎意料竟捕到了满满的几网鱼。消息传出以后，渔民们纷纷赶来下网，果然每次捕捞都满载而归。可是，这么好的运气为时不长，这个海域的鱼儿如昙花一现，很快就消失了。这件事情有多奇怪啊！

后来，人们才弄清楚了，原来鱼儿是那艘沉没的军舰引来的。后来，军舰被人们打捞上岸了，鱼儿就离开了以军舰为家的乐园，于是渔民在这儿就无鱼可捕了。

沉在海底的军舰能像海底礁石一样诱集鱼群，人们就想，如果在海底投放人工鱼礁，建立起海上的乐园来，不就可以吸引更多的鱼儿了吗？

说起人工鱼礁，其实早在我国明朝嘉靖年间就有过。现在广西北海市沿海一带渔民，就利用设置在海中的竹篱诱集鱼群，进行捕鱼作

业，并形成了一种古老的"绞缯"渔法。这些竹篱通常是用20根大毛竹插入海底。在毛竹和毛竹之间，投入许多石块和竹枝、树枝等等。实际上这就是原始的人工鱼礁。只不过这种方法，没有引起人们重视和推广罢了。

"人工鱼礁"的建设，为实现海上建立牧场的理想铺设了一条道路。

日本和美国是世界上人工鱼礁建设得最早的国家。近几十年来，他们的经验在全世界各地推广，使人工鱼礁的建设得到很快发展。

人工鱼礁是用什么材料来做的呢？

建造人工鱼礁的材料各色各样，不仅有传统的竹、木、石块，还有混凝土块、瓦管、旧轮胎、废塑料块、钢材等等。人工鱼礁的形状有圆有方，有公寓型、金字塔型的。这些材料堆积成各种式样，有多级式、组合式和树藻式，它们都是为捕捞方便而设计投放的。浅处建的人工鱼礁在几米深的海域；深处建的人工渔礁，在海底1000米深呢！当然这些场所是经过科学家认真选择的——水下的环境要适合鱼儿生活，水流要畅通，海水的咸淡和酸碱度要适当。

人工鱼礁为什么能吸引鱼儿呢？原来人工鱼礁突出在海底，使海水改变了流动的方向，形成了沿海礁自下而上的水流。它把海底的营养物质带到中上层水域来，增加了海水的肥性，为漂游生物和鱼儿的生长创造了良好的环境。在岩石礁块的表面及孔隙间，也生长了大量的藻类和贝类、甲壳类等小动物，为鱼儿提供了丰富可口的食物。鱼礁又是多种鱼类的产卵繁殖场所，为幼鱼提供了良好的栖息、隐蔽的地方。这样的环境，吸引了众多的鱼儿以人工鱼礁为家，真是鱼儿们的乐园。

海洋里牧鱼

人工鱼礁虽然能吸引不少鱼儿，但对于那些活动性很强，活动范围很广，生性调皮的鱼儿来说，仍然没有诱集和约束的本领。为了能诱集鱼儿，人们根据鱼儿的特性，又设计了一些音乐声来招徕鱼儿留宿在人工鱼礁里。原来就像在空间飞来飞去的小虫爱向灯光处聚集一样，海中的某些鱼儿对声音也有特殊的爱好。它们听到声音会本能地向声音发出的地方接近。

当然科学家为鱼儿设计播送的声音，不是严肃古板的古典音乐，也不是轻松愉快的华尔兹舞曲，更不是多姿多彩的流行音乐，而是适合鱼儿听的特殊乐曲：一种特定频率的声音。例如鱼的呼叫声、游泳时的水声、嚼食时发出的咬牙声和吞咽声。这些"乐曲"通过水下音响诱鱼器播送，使鱼儿被声音吸引到一块儿，乐曲就成了一道养鱼的栅栏，把鱼儿栅在一个圈圈里。

为了不让鱼儿逃跑，有人想出更妙的主意。在牧鱼场四周的海底，铺上有孔的管子，在对管子压入空气之后，自下而上就会形成一道数不清的气泡组成的气泡帘。这样海洋牧场四周形成了一个巨大的无形牢笼，鱼儿老老实实地呆在里面生活，不得越界出境。

声栅、气泡帘和人工鱼礁组成的设施，使人们理想中的海洋牧场

一步一步地得到实现。

在牧场里把鱼儿从小养大，毕竟是不容易的。人们想，可不可以像在草原上放牧牛羊一样，对鱼儿又养又放，在大海里放牧呢？这样做不是更经济合理吗？比如把鱼苗养到一定程度以后，然后让它们回到大海里去，让它们在自然条件里自由找食，等到它们成熟以后，自动回归故乡，为我们提供又多又肥的渔产品。

这种在海洋里放牧的试验已经成功了。海洋生物学家把鳟鱼的幼苗饲养在渔业网箱里，每次给小鱼喂食的时候，播放一种它们爱听的音乐，让它们建立条件反射。待它们个儿长大一些之后，就放它们到大海里去，任它们在大海里生活、成长，直到长大成鱼。海洋生物学家想唤它们回来时，只要再播放一曲原来它们熟悉的音乐，成长了的鳟鱼就招之即来了。

在草原上放牧羊群，牧民们常用牧羊狗替自己看管羊群，真省事。在大海里，如果也能找到"牧羊狗"替人们看管放牧的鱼儿，那该有多好啊！

人们想到了海豚。海豚是极聪明的海洋兽类，智力比猩猩还要高呢！它不仅是游泳能手，还能学会很多人教给它的动作。驯化海豚，让它来当"牧羊狗",这个办法不错。有海豚看护着,少数想冲破气泡帘逃窜的鱼儿,准没有一尾能成功!

在先进的科学技术基础上,到海上放牧的目标不久将要实现了。到那时,像赶着成群的牛羊在草原上放牧一样,人们也能赶着鱼儿在海上放牧。

在海洋牧场里,为了让鱼儿吃饱喝足,"人工粮仓"为它们准备了丰富的食物。这些食物是被抽水机源源不断地带到上层海底营养物质的。牧场里的人工孵化站,为鱼的后代设置了良好的环境,在这儿幼鱼可得到精心照料。名贵的鱼儿专门住在海底的"别墅"——网箱里。

牧场的管理中心设有大型的电子计算机,它昼夜不停地工作着,监视着鱼儿的活动和海水的变化,为牧场里的鱼儿提供服务。

现代化的海洋牧场正在世界各地兴建,到了海洋牧场遍海开花的时候,人类就真正成为大海的主人了。

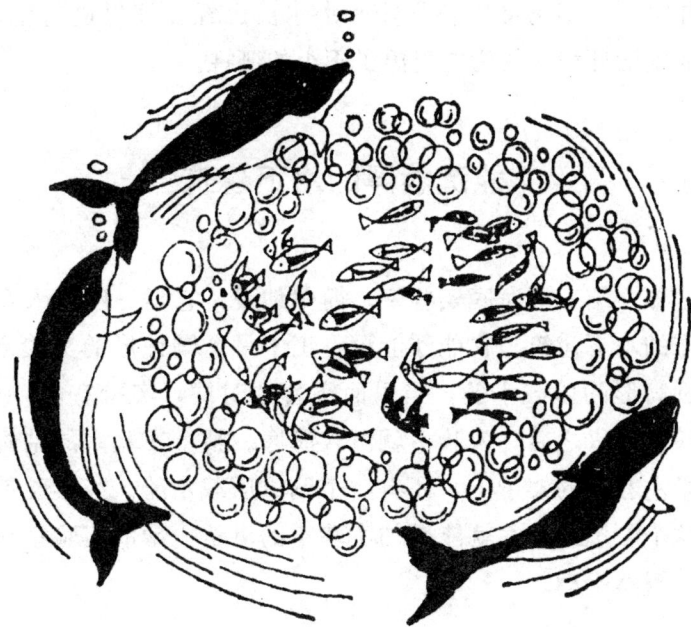

海底实验室

当潜水员戴着面罩，嘴里衔着呼吸管在水中学步的时候，专家们就已经开始设想去开发这片水下的土地。他们曾经说："在继续征服宇宙之前，我们应该完全征服占地球表面 71% 的浩瀚的海洋。"人类要认识和了解海洋，就必须到海下生活和工作。

也许读者不知道，在浩淼的海水下，人类已经建造起很多各式不同的居住室。许多勇敢的科学家和潜水员已经在那里进行生活实验，体验海底生活环境，并为之付出了不小的牺牲。

能沉能浮的水下建筑

这里先介绍一下海底实验室。简单地说，它是一座供人在海底生活、工作的水下建筑。它能浮能沉，正中是个圆柱形的实验室，两旁有两个圆筒形的压载水舱，当里面空着的时候，实验室就浮出水面；当里面灌满了水之后，实验室就沉入海底。整个实验室的结构安装在一个两米左右高的架子上，还有一个调重压载水舱。当实验室到达海底后，这个舱里灌上水就能增加实验室的重量，帮助实验室在海底站稳脚跟，巍然不动。

实验室可分为三个区域——实验区、休息区和出入区。实验区内配备着各种仪器设备。在集中控制台上装有指示各项工作的信号灯、操作开关、电视屏、电话机、环境监控仪表等。通过这些设备，人们可以控制实验室的多项工作，并同海洋上的工作母船保持联系、电视转播和数据传递。控制台旁边有空气调节机房，它可以净化空气，并使室内温暖如春。工作人员在实验台上可以做生物、物理、化学、医学等许多实验。在两旁舱壁上，还有几个圆形玻璃窗，从这里可以看到周围奇妙的海洋生物。

实验室的隔壁是休息区。屋内有两层床铺、小桌子，是个安静的卧室。在水下实验室的尾部，有一个出入口，从这儿可以通往海洋。由于室内的气压相当于入口处的海水压力，所以不用担心海水会涌进室内。工作人员要出去的时候，在这儿穿上潜水衣、背上呼吸器就游出舱外；回来的时候，脱掉潜水衣，打开淋浴器就可以洗上个热水澡。

另外，实验室还有一根碗口粗的软管，它像胎儿与胎盘之间联系的脐带，通过它母船可以向海底实验室源源不断地提供空气和水。

成功的实验

1962 年 9 月，法国在地中海进行了一次成功的水下生活实验。这次实验是在著名的法国海洋学专家科斯蒂贝的领导下进行的。他们设计的水下实验室名叫海星站，它是一个直径 5 米的圆球，安放在一个铁架上。铁架下面有 4 条可以伸缩的腿，以便可以调整房屋的角度。球内分两层，上层是会议室、厨房、冷藏室和实验室等，下层是住房、厕所和浴室。球外的铁架上安放着呼吸用的气瓶、淡水箱和应急用的减压舱等等。它可以自行升上水面。电子计算机不断地搜集、加工、整理和记录着实验室的仪器工作状态。水面的电机设备监视着潜水员的工作和生活情况。

8 名潜水员参加了这次实验。他们在 11 米深处居住了 30 天。其中有 2 名潜水员还到第二个水下居住点生活了 7 天。他们以这个水下居住室为基地，下潜到 100 米的深处，创造了新纪录。

继法国人之后，美国人也不甘落后。夏威夷海洋学院马卡侬实验场推出了当时世界上最大，也是下水最深的水下房屋。这套房屋是瑞士工程师吉士特夫·代尔曼主持设计的。房屋的重量为 700 吨。1970 年，它沉放到 159 米深的海底，5 名潜水员在水下居住了 5 天，最后与水下房屋一起返回地面。

苏联的科学家在建造水下居住室的科学探索中，也有不少成绩。他们建造的水下实验室和水中工作站"黑海1号"、"黑海2号"和"黑海3M号"等，曾经在水下10～35米的深处停留。潜水员在水下实验室里呆了一个月或更长的时间。

宝　瓶　宫

近些年来，水下房屋的设计和建造水平越来越高。有一座叫"宝瓶宫"的水下房屋，具有先进的科研设备和居住条件。科学家在那儿，可以对海洋底部进行长期考察，想呆多久就呆多久，几乎不受时间限制。

"宝瓶宫"是美国加勒比海的一个水下研究中心。它大约有 13 米长，4 米宽和 50 米高。造价高达 550 万美元。居住室内可容纳 6 个人。主要部分有卧室、厨房、餐厅、实验室设备和电子计算机。从"宝瓶宫"的窗口看出去，海洋生物历历在目。磁带录像装置还帮助人们将一些海底景象录制下来。万一出了事，发生了断氧或断电，"宝瓶宫"里的紧急生命维持系统可以维持 72 个小时的供应。

　　"宝瓶宫"只与漂浮在它上面的一艘小型轮船相连接。科学家在"宝瓶宫"里研究鱼类、研究海底构造以及进行水下工程项目，感觉非常方便、自如。

　　美国的科学家把"宝瓶宫"作为研究鱼群、了解海底构造以及水下项目的基地。这个研究中心，安置在美属威尔京群岛的圣克罗伊岛附近。美国航天部门的科学家目前正在通过电视摄影技术，注视水下中心的科研工作者。科学家希望利用这个水下中心的成果，进一步去发现和推测宇航员在拟议中的太空研究中心将该怎样去做。

深海潜水器

海底考察和海洋资源的开发，必须有水下联络工具。

早在 400 年前，就出现了潜艇。可那时的技术落后，制造的潜艇下潜的深度也不大。第二次世界大战期间，潜水深度不会超过 100 米；1939年～1945年达到300～400米。今天潜艇已达到上千米的水平。特殊结构的深潜器甚至可以到达万米海沟探险。

深潜器的先驱

向海洋深处挺进，关键是深潜器本身的坚固程度。它的结构和材料能否经受得住海水巨大的压力。只有经受得住压力，才能保护潜艇里的工作人员及仪器设备不受损伤。潜艇下潜到海底，随着深度的加大，水的压力也会不断地加大。每下降 10 米，1 平方厘米就要增加 1 千克的压力；每平方米就要承受 1000 千克的压力。如果是下降到 10000 米，每平方米要承受 100 万千克的压力。假如潜艇没有坚固的材料当外衣，没有合理的结构，怎能充当一名深海里的交通员呢？于是，人们设计出了一种新型的潜水工具——潜水器。

潜水器最合理的结构是做成一个钢球。世界上第一次深水潜水实

验就是在一个钢球里进行的。这个钢球从一条辅助船上用钢索放到海里去。为了探索深海，潜水员甚至不惜冒着钢缆绳被折断的危险。

1960年皮卡德设计的"的里雅斯特号"深潜器在菲律宾海沟中创造了10916米的深度纪录。他们乘坐着它，下沉到马里亚纳海沟，真是一次非常惊险的旅行。

"的里雅斯特号"深潜器，就像一只水中气球。潜球固定在稍有点长的贮油器上，贮油器就如同气球的气囊一样提供浮力。下水前，把几吨重的铁砂压载在贮油罐里。在升上水面之前，这些贮油罐打开并甩掉压载。它的动力来源于小型的电动机。

密封的球壳装着两个形同眼睛的观察窗和6个500瓦的探照灯。两侧分别装着一排机械手。

"的里雅斯特号"虽能潜入地球最深的万米海沟，却不能作长时间的考察用。它好比是电梯，只能把人送到大洋的深处，然后再返回水面。

能升能移的"深海6500"

20世纪60年代以后，各种新型的深潜水器纷纷登上了舞台，各显身手。它们能水平移动，时速达到几海里。其中"阿尔文号"深海潜水器首先到达了2000米深的海中。

随着科学技术的进步，深潜器的研究发展非常快。日本科学家在这方面马不停蹄，一直在辛勤地工作着。他们将走在世界的前头，成为全球探索海底的先锋。

日本有着得天独厚的条件，它有近74个岛屿，有漫长的海岸线。1983年，日本建造的深水潜水探测艇"深海2000"在日本富山湾走出了研究潜水航行的第一步，它能载人潜入2000米的深海。1990年，日本又耗资6000万美元，建成能载3人、潜入6500米深海的潜水探

测艇"深海6500",成为世界上载人潜水探测器之最。

深水探测器"深海2000"和"深海6500"上的所有大小零部件,都采用超高强度的金属钦。深潜器上,都有一个直径为2米的球形耐压舱,可容纳1名研究人员和2位驾驶员。深潜器上设有3个观测窗,窗口向幽深的海底发出强烈的光亮,海底景观一目了然。同时,水中电视摄像机对海底进行了录像。静像照相机对海底的细节作特写拍摄。深潜器上,机械手臂伸缩自如,有目的地采集海底的岩石、沉积物。

深潜器内设有大功率、高能量密度的主蓄电池。由它推进和提供所有设施的工作动能。深潜器上还有在海底定位的测位声纳,随时准确地标出深潜器的精确位置。

足迹遍布海底深渊

在日本群岛的深海底,"深海2000"已进行了700多次海底探测活动,"深海6500"也完成了180次潜水调查,它们为完成揭开海底神秘面纱的任务,走出了艰辛的第一步,并作出了惊人的成绩。

它们在海底的发现,已载入了人类认识海洋的史册。许多鲜为人知的自然地貌,第一次向人类展示。如它们发现海底有11千米长的熔岩流,有涌出300℃以上热水的黑烟口,也找到了由海底自喷液态二氧化碳的喷出口,还发现了许多奇妙的海底生物群落。

先进的深海探测器,为我们展示了深海的面目,为人类走向海洋,开创了道路。然而人类对自然的求索是无止境的,向深海的探索也要步步深入,永远不会停留在已经取得的成绩之上。

有消息传来,一种可完成潜入1万米深海底的无人潜水探测器"海沟号",即将问世,它的使命将更伟大,它将能探测地球上各大洋所有的海底深渊。

明天的洋底、海沟，将留下探险家的足迹，刻下科学家的智慧。深海潜水器可以证明这一点。

水下机器人

人们开发水下世界，要到那儿去居住、工作；要去那儿建房、采矿；还要到那里去做各种水中调查。以前这类工作几乎都离不开潜水员。但是随着工程的增多，潜水作业量也在迅速增长，许多工作对潜水员来讲是很危险的，而且工作效率也很低。迄今为止，深海潜水员的工作极限是305米。因为在这一深度，几分钟内就可将一个没有防护的人冻死；而每平方厘米31.5千克的高压（相当于31.5大气压），只需几秒钟就可将一个人的肺挤碎。

为了这个缘故，科学家致力于研究水下机器人，而且已经获得成功。

由于海底机器人的出现，世界上已经几乎没有不可潜达的海底，就连世界最深的海底——10916米的马里亚纳深海沟也阻挡不住机器人的铁脚！

忠实的朋友

早在20多年前，第一个水下机器人就诞生了。它的名字叫UARS，"出生"在美国。它身高3米，圆柱形的身体直径为48厘米，

铝壳的外面还包着一层玻璃钢。它的身体相当结实，可以潜到 457 米深的水下工作。

这个机器人和平常在地面见到的机器人完全不同，是专门用在北冰洋上探冰的。有一天，直升机把它带到厚厚的冰层上。主人为它挖了个大冰洞，然后把机器人身上的电机发动起来，放入北冰洋的水中。机器人的一切活动都在电脑的指挥下进行。它在水中按规定的玫瑰花瓣形的路径走动，一边走一边把它顶上的冰的轮廓形状记录下来。这是在完成一项科学家们委托它的任务——调查北极海区原冰的形状。它在海底每小时走 3.7 海里，可连续工作 10 个小时呢！当它听到信标发出的命令："UARS 立即返回！"机器人就毫不迟疑地回到主人为它张好的网口，停止工作。

近年来，随着科技的进步，由电脑操纵的水下机器人，升级换代，更加高级了。它们中大多数的躯体是一个直径两米多而厚度仅 2～3 厘米的密封球壳（称为耐压观测球），上面装有两个形同眼睛的观察窗和 6 个 500 瓦的水中探照灯；两侧还分别装有一排可供录像及可采集水中生物和岩石的机械手。因为它们像蹒跚爬行的螃蟹，有人叫它铁螃蟹，也有人叫它们蜘蛛机器人。

特别的"身体"结构

为什么科学家要将铁螃蟹的躯体设计成球壳形呢？这是因为，球壳是一种最理想的耐高压结构。它有抵抗外力的功能，能将巨大的外部压力均匀地分散到壳体的每一块微小部分，是一种处处抗力相同的等强度结构。因此世界鼎鼎大名的海底机器人如法国的"阿尔西美德号"、美国的"阿尔比号"、日本的"深海－2000号"都采用相同的球壳结构。

当然除了外形结构合理之外，材料质量的选择也必须十分讲究。按照材料力学计算，要想让铁螃蟹能在几千米深的海底安全工作，其壳体材料的抗压强度至少必须达到每平方厘米几万千克，因而它必须采用超高强度的特殊钢材，如用钛合金或镍、铬、铝合金制成才行。

观测员和专职驾驶员（一般不超过3名）可以安全地躲在机器人的肚子里，通过电脑来操纵它去进行各种深海作业。

机器人如何在海底行走呢？有一种酷似蜘蛛的机器人，设计者为它安装了6只脚，每只脚有3个关节。行走时，它只用3只脚保持平衡。机器人的脚尖是触地感应器，通过机内的倾斜计反馈海底状况，保证在凹凸不平的海底活动。机器人只有在正式工作时才使用全部脚，以保持机体的水平姿势。机器脚按对称轴设置，所以机器人可以全方位行动。它可以代替潜水员在水底安放构造物、拍摄海底地形、调查海底状况、检查海洋构造物的损害情况等等。除此之外，它还能帮助打捞沉船、人造卫星和打靶鱼雷。有一次因飞机失事坠入海底的一颗氢弹，也是靠海底机器人打捞上来的呢！

1983 年，日本研制成功了一种捕鱼机器人。这种水下机器人专门用来捕捉金枪鱼。它由电脑控制动作，负责撒网、拉网、分拣鱼类等工作，干得挺不错呢！

龙宫双胞胎

我国自行研制的 600 米无人缆控"水下机器人"已研制成功。首次水下模拟救援在渤海湾试验也获得成功。

一台重 1 吨多的潜水装置上，有两个水下机器人。在水下它们配合默契，各司其职，不仅可以自如地上浮下潜、前后移动、左右旋转，而且能够自动测航、定向、定深、定高，并可以微调。这对"双胞胎"在"龙宫"深处寻找猎物时，可自动绕开障碍物，能完成诸如切割、打磨、清洗、敲击、开阀门、电焊接管等技术活，还能从事抓举 180 千克物体等重体力活。人们在陆地上能做到的，机器人在水下同样完成得很出色。不仅如此，它们还通过装在身上的摄像仪器，把在水下工作的情景，在同一时间内准确地告诉在母船上荧屏前操纵它们的主人。

这台智能型的水下机器人是由中国船舶科学研究中心总体设计的，哈尔滨船舶工程学院等单位历经 3 年多时间研制成功。它可以广泛应用于水下救生、沉船打捞、海洋地貌勘探、海上石油钻探、海底施工检测、水库作业、大坝水下修补、渔业布网等等工作，真是位能干的水下多面手。

水下机器人的出现，使人类自身向海洋进发的能力大大提高了。它是我们忠实而可靠的朋友，按人类的意志在海底工作。它们不惧怕恶劣的海洋环境，不需要呼吸氧气、补充食物和水，更不会因水压过高而得潜水病。这些优点是人类所不能比拟的。如今，在海洋领域里，代替人的智能机器人已进入实用阶段。有些养鱼场、鱼礁管理和收获海洋农牧场作物全部由水下机器人来承担。可以预见，机器人的队伍和种类将会越来越扩大。科学家会按各种不同的需要，设计出功能各异、大小不同的各类水下机器人。水下机器人将会被安置在海底的各个角落，为人类尽各种义务。它们像人们派出的水路先锋，带头先去那儿居住和工作，去实现人类想做但不能做、想去但不能去的愿望，用人类赋予它们的智慧和才能开发神秘的大海洋。

"飞"向深海的水下飞机

有一位满脑子充满奇思妙想的英国科学家，名叫霍克思。霍克思正在研制的一种水底飞机，将极有可能给海底研究工作、海底科学探测带来一场革命。

功夫不负有心人

现年 50 岁的霍克思曾经参加过水下武器的研制工作。他对海洋探测一直非常着迷，在多年的海底研究工作中，霍克思逐渐产生了研制具有超强潜航能力的深海探测器的构思。霍克思在美国加利福尼亚州拥有两家深海探测公司。在过去的 5 年中，他一直在从事名为"深海飞行器 1 号"的设计和制造工作。他每周两个晚上，和支持他工作、志同道合的伙伴们一起研究，如何将新的想法付诸实践。

功夫不负有心人。现在世界上第一台海底飞行器——"深海飞行器 1 号"终于初具雏形。

深海飞机的外形几乎和天上飞的飞机没什么不同。它的前部高高突起，两侧有短短的机翼。"深海飞行器 1 号"的时速可达 12 海里。它前进的姿势比较古怪，可以横滚着前进，并且不像一般的潜艇那样

需要沉浮水箱，而可以像飞机那样，实现直接的升降。

原理和作用

其实深水飞机的飞行原理也与飞机有相似之处。工作时，利用"机翼"与海水相对运动所产生的水动力，控制下沉或上升。这与空气中飞行的飞机依靠机翼产生的空气动力进行升降的原理完全相同。唯一不同的是，飞机机翼的弯度是正的，在一般情况下，能产生正的升力来支持飞机的重量；而深水飞机"机翼"的弯度却是负的，在以30°仰角航行时，所产生的负升力能使潜水器迅速下沉。在这种"机翼"的后缘，还装有襟翼，当襟翼向下张开时，就能产生正的升力，使"飞机"上浮。这原理和作用跟空中飞机的襟翼完全一致。

这种能"飞"向大海深处的水下飞机，还装有垂直推力器，可供潜水员在前进速度为零的情况下，作垂直上浮或下沉。

改变"深水飞机"仰角和航角的是机身后段的全自动水平尾翼和

垂直尾翼。它们由电动机驱动，而动力源来自高能量、高密度的蓄电池。

希望在明天

霍克思对"深水飞机"飞向深海满怀希望。他说，如果这次试验获得成功，他将投入下一代"深海飞行器2号"的研制工作。"2号"的潜水能力当大大优于"1号"，它将到达1.1万米的深海沟，几乎可以到达地球海底的任何一个角落。

除了潜航能力强之外，这种新型的深海飞行器，还具有体积小和价格低的优点。它的成本只有500万英镑左右，与投资昂贵的深海潜水器相比，仅占它的$\frac{1}{20}$。

海洋科学家们看好"深海飞行器"的前景。他们预计，随着越来越多的研究力量投入海底，一个全面探测深海的时代也将随之到来。

那么"飞"向深海的"飞机"能不能载人？科学家对此还有争议。如果深海飞机能载人而去，那当然很好。但必须在"飞机"中增加一套类似宇航员在太空实验室中的"生命保障系统"。载人的飞机，在深海考察中，可以随机应变，随时修订计划，对重点目标作近距离跟踪观测。如果"飞机"不用载人，那么航行的时间可以延长，少一套"生命保障系统"，投资也会省下很多。可见，这两种水下飞机各有千秋，似乎两种都有诞生的必要。

"水下飞机"即将呱呱落地，它代表了明天海洋的一种新事物、新的交通工具。它一定会为21世纪深海探测添上最新、最美的一笔。让我们做好知识和心理的准备，成为深海飞机的第一批乘客，向大海的深处进军。

海底天文台

太空和海洋是两个独立的空间，一个在地球的门外，一个在地球的门内。它们有何相干呢？有着奇思妙想的科学家，发现利用海洋的特殊环境，观测太空挺有意思，能够有新发现。所以他们把天文台建到了海底。

奇特的中微子

在宇宙空间，有一种奇特的基本粒子叫中微子。科学家从预言它的存在，一直到真正捕获到它，花了整整 30 年。捕获到中微子的科学家，还因此获得了 1988 年诺贝尔物理奖呢！

中微子是一种不带电的中性粒子，它的质量要比电子的质量小得多。它具有极强的穿透力，可以穿透任何物质，甚至能穿透地球。

天文学家非常看重中微子，因为它携带着来自宇宙天体的信息。可是，要在宇宙捕获中微子谈何容易！于是，天文学家就设计将天文台移到了"海底"。利用地表岩石、海水来阻断宇宙线中的其他粒子，通过新的观测装置就能捕获到来自宇宙空间的中微子。通过中微子带来的信息，进而搜寻和研究更遥远的天体。

特殊的本领

设在夏威夷群岛西侧的特玛姆特天文台，以清澈的海水作为汇集光源的装置。当然有时会受到那些在海底生活的发光鱼类的干扰，然而，地下和海底天文台的优点和初步取得的成果已引起大家的兴趣。它们直接接收天体信息的本领是地面天文台所望尘莫及的。

假如用地面普通的望远镜观测太阳，所得到的信息是很表面的。望远镜得到的只是那些可见光的资料。来自太阳中心部的核聚变，要经过百万年之后才传递到表面。而海底天文台捕获的中微子是直接来自太阳内部核聚变过程的，它反映的是太阳核心部的即时变化。

大有前途

天文学家认为，海底天文台很有前途。随着科技的进步，大型海底天文台的建立和正式运转，人类观测宇宙，了解天体的精度将会不断提高，并能获得更多的新线索。不难预计，在明日的海底，一个与通过地面天文台所观测到的完全不同的全新宇宙形象，将通过海底天文台展现在人们的面前。

目前，全世界已建成和在建的地下或海底天文台有 4 处。在地下的有：日本东京大学宇宙线研究所在歧阜县神冈矿山离地约 1000 米深处的地下天文台；美国康斯威星州大学在南极阿蒙森·斯科特考察站建立的位于 2000 米深的冰层下的"阿玛姆达"地下天文台。

首次在海底建台的是夏威夷大学与一个美欧联合科研小组。他们在夏威夷群岛西侧 30 千米的海底，建了一座名叫"特玛姆特"的天文台。这座天文台位于 4800 米深的海底。

明天的海上城

在海上建立柱子城市，这既不是魔术师的艺术，也不是虚幻的梦呓，而是正在实现的事实。

海上柱子城

在海上建造柱子城市的现代化设想是英国建筑师莫格里奇和马丁提出来的。

海上柱子城市顾名思义就是建筑在粗大的海上钢柱上的城市。他们计划这座城市可供 3 万人居住。城市的地址选择在英国东海岸一块平均深度只有 9 米，长 24 千米的地方。四周用玻璃钢和水泥筑成一道围堤。围堤高 50 米、长 1400 米、宽 1000 米。这座柱子城市就建筑在围堤上。

它的主体建筑就像 16 层的阶梯形的大剧场。城市里有住宅区、工业区，还有医院、剧院、电影院、音乐厅、公园、运动场等等。为了保护围堤和建筑不受风浪的影响，围堤外建造了防波堤。防波堤和防波堤之间形成了一个个海上人工湖。人工湖上，许多水泥船合在一起组成了人工小岛，那儿可以建立幼儿园、学校等等。

柱子城市的附近，有一个叫休伊特的天然气田。那里储藏着丰富的天然气。天然气开采出来供给柱子城市的居民生产和生活使用，可用上几十年呢！

人工岛上的海上城

在位于日本神户南面 3 千米的海面上已经耸立起了一座神户人工岛上的海洋城。它扎根在海深 12 米的海底上，面积有 436 公顷。它是目前世界上最大的港湾人工岛之一。岛的中心区建有可供 4500 户20000 人居住的中高层的住宅。岛上有商业网、中小学校、邮电局等设施，还修建了 3 座公园、一个体育馆与一个能同时停泊 28 艘万吨巨轮的深水码头。

神户原来是太平洋沿岸的天然港，是世界上最大的良港之一。这座港口城市依山傍水，工厂林立，人口众多，拥挤不堪。城内一座六甲山把整座城一分为二，一遇到台风，这里常常遭受水灾。当地的市民一直盼望能早日治理六甲山。

1966 年，在神户港自然海岸利用殆尽的情况下，当地政府决定在离市中心 3 千米的海面上填海造地，构筑人工岛。这座岛的建成几乎把六甲山削掉了一半，用于填海的土石有 8000 万立方米！1966 年动工，于 1981 年完成，经历了 15 个春秋，愚公移山的精神可敬可佩。

起先，很多人在为这座海上城担心，新城会不会下沉？回答是肯定的，因为填海地基下沉是必然的，但也完全用不着担心。建岛的设计者说，在建岛时他们采取了加速下沉地基的新方法。在地基稳定之后，又打进了无数的基础桩，这些基础桩穿过海底的沙土层、粘土层，其牢固的程度就相当于神户市内高层建筑的地基，不会出现突然下沉的情况。

继神户人工岛之后，1972 年，一座新的更大的人工岛——六甲人工岛又投土开工，总面积 5.8 平方千米。计划在本世纪内完成，届时，太平洋上又会矗立一座新的海洋城。日本人有一个非常庞大的计划，用 200 年时间，环绕日本建 700 个岛，它们的总面积和日本国现在的有效土地使用面积相等。这个计划一旦实现，日本的国土实际上增加了一倍。

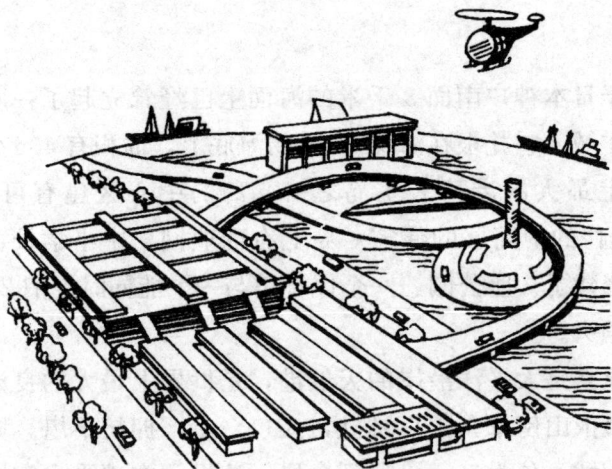

明天的信息城

可以预见当世纪钟拨向 21 世纪时，浩森的大海上将呈现一派新的景象。到了那个时候，陆地上的居民将有不小的一部分移居到海上去生活、工作，像人类最早的祖先一样，重返大海，以海为家。不是吗，在海面上，人们会看到一座又一座新矗立起来的海上城；在海上城的周围，人们会看到一片又一片的海洋农牧场；在海底下，又有不计其数的居住室。人类依靠大海提供的能源、矿产资源进行生产活动。到那个时代，人类以居住在海上为自豪，因为他们是海洋上新一代真正的主人。

在 20 世纪末，人类已经向海洋进军，人工岛、海上别墅这些可居住二三万人口的城市已经很现实地展现在人们的眼前，它使人类更具信心地向海洋进军。值得人们瞩目的是，一张能居住百万人口的海上城市蓝图，正被人类描绘着、孕育着、实现着。

这座由著名的工程师和企业界的领袖"描绘"而成的世纪蓝图，是世界上第一座巨大的海上钢铁城。人们梦幻中的仙境——海市蜃楼，将因这一项巨大的海上工程而变为现实。

这座 21 世纪的海上都市取名为"信息城"。这一宏伟的设想首先是由日本曾任川崎重工业区的工程师寺井博士提出来的。

信息城市的平台由 10000 根钢铁立柱支撑，巨浪能轻易地从立柱间穿过，因此不用担心会受到台风的袭击。所有的立柱都安有能承受震动的消震装置。整个城市的建筑面积可达 10 万平方米。整座城市分成 4 层，每层高 20 米，配有独立的运输系统、能源设施和用水供应管，总面积达 2500 万平方米。城内建有商业中心、工厂、医院、大学区、研究实验室、住宅区以及包括 4 座高尔夫球场在内的娱乐中心。

城市的顶部是一座国际机场，可起降大型客机和运输机。另外，海上城市需要的能源，全部取自海洋和太阳能。

在城市的顶层有太阳能板和能把阳光转变成电力的设备。城市底层则有海水发电厂和海水淡化工厂。城里常年供应冷暖气，居民们不必为气候的变化而担心。同时，每家每户都装有自动电话，内外通信联络十分方便。整座城市由中央电脑管理，构成一个完整的城市体系。

建造这座城市将需要 1 亿吨钢材，施工期可达 15 年，成本为 1240 亿美元，但与因土地匮乏而日益暴涨的高地价相比，人们认为还是合算的。

这座将在新世纪诞生的钢铁城，一定会吸引很多人去居住。也许大家为可能成为信息城的居民而自豪，因为那里的一切都体现了新兴的科技成果，生活将是高质量的，工作将是高效率的，娱乐也是高水平的。生活在那里的人们也应具有较高的文化素养，具有驾驭信息城科技设施的本领，才可称得上是海上城的合格居民呢！

当然喽，这样的海上城建成后，需要人们去不断地完善、保护、发展和健全。毕竟人类生活在陆地上的时间是那么的久远，对陆上的环境已经懂得如何适应，一旦去海上城居住，一定会遇到很多想不到的新问题。

海上飞机场

飞机场建立在大海上，这种想法有多妙啊！在科技领先的日本、英国和美国，海上机场早已诞生了。如日本的长崎机场、英国伦敦的第三机场和美国纽约的拉瓜迪亚机场都占用着海上的优势呢！

怎样屹立海上

也许你会想，飞机场建在海上，难道飞机能在水面上滑翔起飞吗？当然事实并不是这样。这些建在海上的机场和建在陆地上的机场其实是一样的。机场也有漂亮的候机厅和宽阔的起飞跑道。只不过，这些坚固的建筑物占用的不是陆地的空间，而是大海的空间。

日本长崎机场和英国伦敦的第三机场是围海造地以后才建成的。

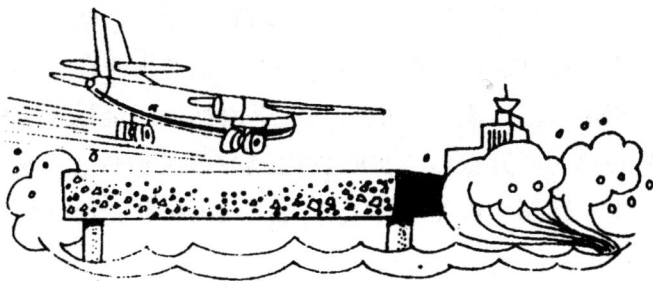

日本长崎机场是世界上第一个人工岛上的海上机场，跑道长达 3000 米。美国纽约拉瓜迪亚机场是一种栈道机场。机场建立在桥墩的上面，而桥墩的下面是结实可靠的钢桩。钢桩深深地扎根在海底的岩石上，在风浪中巍然挺立。飞机场建立在大海上，有多威风！

第三种是浮动式的机场。它是靠半潜式巨大的钢制浮球支撑的。如日本兴建不久的关西国际机场。

新机场的标志

1995 年，日本在关西地区大阪湾泉州冲外的海面上落成了一个世界上规模最大的海上飞机场——关西国际机场。设计者为了不使飞机起降的噪音影响到陆地上的大阪市，将新机场建在距海岸远达 5 千米的地方，机场和大阪市区之间建起了一座供火车和汽车通行的双层桥。1993 年，实施了第一期计划，机场总面积 511 公顷，主跑道 3500 米，宽 60 米，设计能力为每天起降飞机 808 架次，年货运量 110 万吨，客运量 2480 万人次。全部竣工后的关西机场的面积达 1200 公顷，有 4000 米长的主跑道以及 3400 米的辅助跑道。一年能起降飞机约 26 万架次，并建有机场大楼、铁路站、海上交通基地、购物饮食街等各种设施。它已成为超过东京羽田机场的日本第一个正规的 24 小时运行的机场。

乘坐直升飞机巡看，机场的浮体岛屿非常漂亮，联络大桥好似一条长长的缆绳，把这浩淼洋面上的一叶小舟似的人工岛牢牢系在大阪湾里。可以毫不夸张地说，这里每一寸土地都是用金钱堆成的，打入海底的钢桩多达 100 万根以上！在堤内侧投入的泥砂土方总计约 1.5 亿立方米以上！以海上机场为中心，关西人正在紧张地规划着各种放眼 21 世纪的大型项目。

比如，在大桥的连接点上，布置一个临空城。临空城内集聚宾馆、贸易中心、购物中心、国际会议场等各种设施。在横跨京都、奈良及大阪三个府县的一大块丘陵地带，规划建设一个综合有电子学、生物工艺学、新材料等基础科学的研究厅。另外，在大阪湾一带，还要建立游览胜地、情报通信基地等，百余个设想正在规划中。人们把目光紧紧盯住 21 世纪，通过关西海上机场的建立，以期发挥大阪在世界上更大的作用。

美好的明天

其实，从人类开发和利用海上空间的整个蓝图来看，海上飞机场只是海上大都市的一个组成部分。到了下一个世纪，明天的海洋上，人类将建起各种各样的海上机场，它们像联系五大洲四大洋的交通枢纽，成为海上城市、海上居民不可缺少的一部分。

1995 年 6 月，澳门国际机场也在人工岛上崛起。这座机场是由中国港湾建设有限总公司和振华海湾工程有限公司等合作，经过 3 年的努力建成的。工程量之大、工期之紧迫、技术之复杂、工序之繁多，

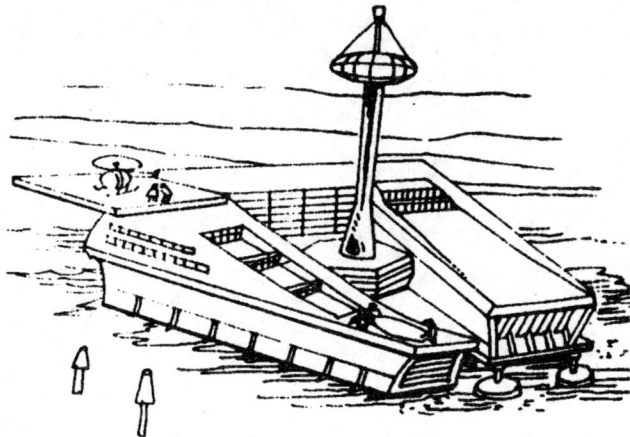

都是空前的。这是中国建设者创造的一个奇迹。它的启用，使澳门几代人的梦想成为现实，为澳门经济的发展插上了翅膀，为澳门同世界各地的联系架起了空中的桥梁。

去海底旅游

当海上城市的梦幻实现的时候，一项新颖的业务也开始兴旺了。人们为了能亲眼目睹水下世界的奇景，亲身体验到深邃大海中遨游一番的乐趣，旅游业主竞相投资，开拓这一全新的行业——水下旅游。

到海底观光

起初，去水下旅游的客人乘坐着微型的单人或双人潜艇，在潜入水底之后，被送往水下小圆屋或潜水工作站，在那里可观赏到水下的绮丽景色。有幸参加这个旅行的人真是寥寥无几。1964 年，瑞士的水下旅游业使许多想去水下旅游的人实现了这个愿望。一艘大型潜艇"奥·皮卡得号"（PX－8），进行了 580 次深达 150 米的水下漫游，使 38000 名水下观光者饱览了日内瓦湖的水下景致。1967 年，马赛湖的水下缆轨滑车也首次向全世界开放。从出发到海湾中人工岛的航程只要 15 分钟。人们可以在密不透水的潜水舱中欣赏海中风光而不沾上一滴水。

不久的将来，水下旅行观光将会很方便。水下住宅、游览场、观光塔以及游动剧院不久都会变成现实，大海将成为人们的旅游胜地。

　　瑞士的一位建筑师达汉顿对水下旅游业充满了信心。他同时公布了两项大型水下建筑的设计方案：一项是游动的文化娱乐中心，另一项是海洋旅馆。文化娱乐中心的建筑就像是一叠盘状的建筑，建筑的中心有一个能容纳 600 人的剧场，下层设有一个大餐厅。海洋旅馆建在海上浮筒上，可容纳 250 名休假的客人。

　　海底旅游具有极大的吸引力。有一家"海底游览公司"正全力打进夏威夷这块旅游宝地。他们准备采用豪华的潜水艇，同时在潜艇的外面安放一种可以诱发鱼饵的特殊设备，诱使更多的鱼儿向潜艇靠拢，让水下旅游的客人们观赏到鱼儿嬉戏觅食的有趣情景。

　　另外，海底旅游公司还推出各种各样的旅游服务，有一家海底观察公司设计的潜艇用的是透明的船壳。旅游者在潜艇里，仿佛置身大海中一样，为海底绮丽的风光所陶醉。另有一家公司为旅游者开设海底婚礼的业务，吸引了许多客人。

去海底觅踪

旅游业主们发现，不仅是海底的自然景观吸引人，海底的一些历史遗物，如沉没在海底的船只和城镇，也同样吸引着人们。

1994年初，法国圣皮埃尔海湾公司推出了一项海底公墓的旅游，吸引了很多游客。

法国马提尼克岛的圣皮埃尔在本世纪初曾是个美丽和富有的城市，享有"安得列斯群岛上的小巴黎"的美称。然而圣皮埃尔在历史上曾经历过一次悲惨的厄运：1902年5月8日那一天，位于圣皮埃尔港的培雷火山突然猛烈喷发，在短短几分钟内就摧毁了整个圣皮埃尔市。火山喷发致使20000名居民丧命，港湾的10余艘巨轮也葬身海底。

这些长眠在水下50～100米处的沉船残骸，如今构成了加勒比海中最美丽壮观的海底公墓。现在，成千上万的旅游观光者将能够乘坐当今世界上最大、潜水最深的旅游潜艇去游览这座海底公墓。

潜艇是由布鲁海洋技术公司建造的。这艘旅游潜艇装上了近20吨重的蓄电池，配备24个直径为70厘米、厚度为10多厘米的观察窗。船上用新型灯组成的照明系统，能识别出在40米以内游动的任何一种鱼。

旅客们借助于安装在旅游者座位前面并与分布在潜艇船体各处为数众多的摄像机相连接的录像屏幕，观察到发生在他们下面、上面和后面的海底情况。

海底深处游览最吸引人的是一台摄像机器人，它能让坐在潜艇内的旅游者观赏到沉船内部的奇特情景。

这项旅游项目推出之后，每天有四五批游客去海底公墓观光。

寄宿海底

随着海底旅游业的兴起，海底观光中心和海底旅馆也相继出现。

世界上第一家海底旅馆几年前在美国开张。它吸引了一些喜欢冒险和寻求刺激的游客，去享受寄宿海底的奇趣。

这家旅馆称为"贾尔斯海底旅馆"，位于佛罗里达州基拉戈海岸外20米深的海底。岸上装着观察这家海底旅馆的设备，以保证它的安全。旅客先在岸上办好住店手续，然后由有关人员陪同，乘渡船登上系在海底旅馆顶上的木筏，然后从一条几十米长的水烟筒形的空气通道，进入海底旅馆。这个旅馆是由美国一个海洋研究装置改装的。设有6个筒形卧室，每间卧室有十几平方米。客人住在里面有一种做梦似的感觉。从卧室的大型透明舷窗向外观察，可以看到10米内的游鱼和龙虾乐在其中。客人住在这个封闭的旅馆里，完全可以过正常的生活，呼出的二氧化碳都可抽出到海上。旅馆内的温度保持在24℃，温暖如春。

客人的简单衣物和化妆用品，由旅馆的潜水职员用一只密封的衣

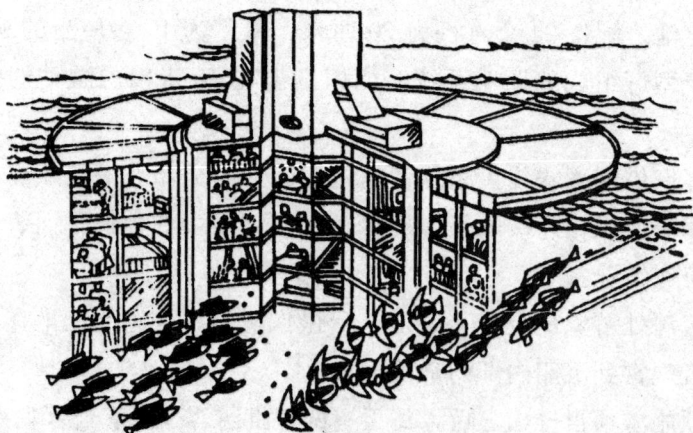

箱带入海底旅馆。客人饿了，从卧室贮满食物的冰箱里自己取食；烦闷了，房内有小型的唱机、录音机和录像带可以消遣。游客离岸索居，会有孤独感，这时只要拨通旅馆内的电话，随时可以和亲人们交谈，多惬意呀！

　　另外，在新加坡的圣陶沙岛，科学家正全力建造一座迷你海底城，让它成为吸引游客的观光景点。这座在水平线下的城市由大厦、酒家、电影院和一个海洋水族馆组成。设计者要让所有来此观光的客人看到令人叹为观止的景象。迷你城的进口是一条透明的隧道，外面是一座大型的海洋屋，屋内养了约 7000 种从新加坡附近海面搜集得来的鱼类以及其他海洋生物。迷你城里最吸引人的当属鲨鱼隧道，在里面行走，游客可以从近处亲眼见到这种鱼的真面目和水底生活习性。这项工程由新西兰海景集团负责承建，在东南亚地区是一大创举，建成之后它将成为人们最向往的地方之一，游客们会在新加坡多逗留一二天，这将为整个旅游业带来意想不到的好处。

海峡变通途

海峡是大海中的一条小路，这条"小路"像天堑一样，把大陆和大陆，大陆和海岛，海岛和海岛之间分割开来。在地图上看，海峡就像是狭窄的水道，有的窄得可以架桥。但实际上，隔海相望的海峡最窄处也有几千到几万米宽呢！波涛汹涌的海水阻隔着两岸人民的交往，给经济的发展和文化的交流带来很多不便。现在一些海峡的海底，人们修筑起了大大小小长长短短的 20 多条海底隧道，使天然的海峡变成了人类通行无阻的坦途。它已成为奇妙海洋的一大海底奇观。

世界最长的青函隧道

说起海峡，人们对发生在日本津轻海峡的海难事件，至今还记忆犹新呢！

在日本本州岛和北海道之间，阻隔着一条津轻海峡，青森（本州）、函馆（北海道）之间的往来，是靠青函渡轮摆渡的。1949 年 9 月 26 日那天，天气突然变化，台风袭击着海面。正在海峡中航行的轮渡，遇到大风的袭击，猛烈地摇晃起来。风大浪高，涌浪过来，压住了船体，几下子就把船体翻了个身。在惊涛骇浪之中，有 1430 名乘客和船员遇难。这一惨痛的事件发生之后，1000 多条生命牵动着亲人们的心，人们想，如果在海峡下能建一条隧道，它不受天气的影响，两岸的人们可以来去自如，那该有多好啊！

日本许多有远见的科学家认为，要想促进北海道的经济发展，就要彻底避免这类恶性事件的发生。他们经过地质勘探和调查，在政府的支持下，决定花费巨额资金，修建一条横穿津轻海峡的海底隧道——青函隧道。

隧道于 1964 年破土动工，1986 年竣工，整整花了 20 多年，共耗去资金 37 亿美元。

青函隧道隐藏在距海面 240 米之下，海床 100 米之下的深处。它宽 11 米，高 9 米。隧道全长 53.8 千米，在海底部分有 23.4 千米。

为了施工方便，青函隧道除通车的主隧道外，还有两条副隧道。一条是探测地质情况的先导隧道；一条是运送器材的作业隧道。

过去，人们越过津轻海峡，乘船需要 4 小时，现在乘海底隧道高速列车，只需要 50 分钟。它是一条最安全的全天候通道。

1988 年 3 月 13 日下午 5 时，"海峡女王"的 8 艘联络船之一的"羊蹄丸号"载着 1000 多名"最后的乘客"离开本州岛的青森码头，横渡千米宽的津轻海峡，向北海道的函馆驶去，从此它完成了自 1908

年以来连接日本本州和北海道交通动脉的使命，退出了津轻海峡的历史舞台。取代它的是世界上最长的一条海底隧道——青函隧道。

世界之最—— 英吉利海峡工程

在英国和法国之间，有一条著名的海峡——英吉利海峡。它西面连着大西洋，东北通向北海，从西部的锡利群岛与尤范特群岛的联线到东部的多佛尔海峡，长 563 千米，最宽处 241 千米，最狭窄处 33 千米。这里是最繁忙的海上交通要道。

西欧和北欧十几个国家到大西洋和世界各地的海上航运几乎都通过这里。由于海峡航道狭窄，多礁石浅滩，经常发生事故。

人们跨越英吉利海峡，要靠船摆渡。特大的轮渡可以一次装载 60 辆汽车。尽管如此，海峡总是一条天然的屏障，给人们带来种种不便。

1986 年 1 月 20 日，英法两国首脑在法国里昂市正式宣布共建一条长 50 千米的多佛尔海峡海底铁路隧道。这项工程堪称本世纪最大的工程，也是酝酿了 200 年之久的工程。它是多少年以来两国人民心中美好的愿望。英吉利海峡隧道一旦建成，英伦三岛与欧洲大陆分割的历史将宣告结束。

回顾历史，英吉利海峡工程真是好事多磨，先后共受挫 27 次。

从 1751 年起，英国和法国两国政府就讨论过挖海底隧道之事。

1802 年，法国工程师马蒂约向拿破仑提出修建海峡隧道的建议。赞同修隧道的呼声在两岸此起彼伏，各种设计蓝图也纷纷推出。有一位法国的水文地理工程师埃梅·托迈·德加蒙也曾设计过多项海峡隧道计划。他在 1830 年～1865 年长达 30 年的时间里，一直热心于凿建隧洞的研究。为了获得最佳实施方案，他曾多次身负 80 千克重的卵石，亲自潜到 33 米深的英吉利海峡海底，了解海底的地质情况。经过

200 多次的水下测量，他掌握了大量的地形结构数据，于 1855 年献出了一个修建海底隧道的新方案，受到了拿破仑三世的赏识和英国维多利亚女王的赞叹。

可是，由于政治和经济的种种原因，英吉利海峡动工不久便停工了。两岸人民仍然只有望洋兴叹。

到了20世纪 70 年代，英国和法国人旧事重提，决定修建海底铁路隧道。工程于 70 年代开工。到 1975 年，英国挖了 400 米，法国挖了 300 米，工程又下马了。两国白白耗费了 6 亿法郎。

1987 年，英吉利海峡工程终于由两国政府确定了下来，两国成立了联合委员会。按照英法海峡集团提出的方案，隧道将建在最窄处的多佛尔和加来之间。于海底 40 米深处的白垩岩层中，开凿出两条直径各为 7.3 米，一条是全长 50 千米的铁路隧道，另一条用来运载来往车辆的"穿梭火车"隧道。在两条主隧道的中间，还开凿了一条直径 4.5 米的服务隧道。

1993 年，这项伟大的工程建成。建成后的隧道每年的客运量为 4000 万人次，货运量为 1320 万吨。每列列车上都有无线电通信系统，自动信号装置将各处的信号传到驾驶室。如有故障，列车会自动停车，确保了运行的安全。列车可以直达巴黎、布鲁塞尔、科隆、阿姆斯特丹等欧洲大城市。英法两国人民 200 多年来的愿望终于实现了。

从多佛尔到加来乘坐摆渡船约需 1 个小时，建成隧道后，只要 26 分钟车程就可以了。英吉利隧道建成之后，不仅促进了英法两国的经济发展，而且弥补了欧洲交通网络中的缺口，伦敦已发展成为无季节性的旅游胜地。

连接世界的海底"桥梁"

全世界已建和正在建的海底隧道有 20 多条。有些海底隧道的计划正在拟议之中，它们有的连接着两个重要的城市，有的连接着欧亚和欧非大陆，对人类的经济活动举足轻重。它们将为连接世界大陆贡献自己的力量。

美国纽约的曼哈顿岛和长岛、新泽西州之间，在 1927 年～1957 年间共开挖了 5 条海底隧道，通行汽车。其中布鲁克林隧道最长，为 2.78 千米，林肯一、二、三号隧道各长 2000 多米。

在日本本州岛和九州岛之间隔着关门海峡，最狭处 700 多米。1942 年凿通了第一条关门海底隧道，全长 3.6 千米，通行火车。1974 年两岛开通东京一福冈高速铁路新干线，又建成全长 18.71 千米的新关门隧道。

港九隧道是中国领土上的第一条海底隧道。香港岛与九龙岛隔着 1.6～9.6 千米宽的维多利亚港（海峡）。1972 年在这里建成了第一条海底隧道，连接香港湾仔和九龙尖沙嘴，全长 1.9 千米，管道直径 7 米，双管并列，一通地铁，一通汽车。施工采用先进的沉管方法，先在海床挖好坑道，然后将预制好的巨管准确地定位于坑里，节节推进，整整用了 5 年，耗资 5 亿港元。香港湾仔隧道通车之后，香港的海峡交通紧张状况仍然未根本缓和。1986 年，另一条隧道又开工了。

这条隧道铺筑在原隧道的东面，也是双管。一管铺四车道公路线，一管铺双轨地铁线，于1990年建成。

在美国大西洋海岸的切萨皮克湾，是首都华盛顿和巴尔的摩的出海口。1964年，一项包括海底隧道、大桥、人工岛的综合工程建成了。该工程总长28.4千米。两段海底隧道各长1754米和1524米，直径为10.4米。隧道内可供汽车对开。隧道不是从地下凿进，而是在海底开挖深沟，将预制钢筒徐徐下沉定位的。隧道的最低点在海面之下28.3米。

拟议中的海峡隧道

除了这些已付诸使用的隧道外，还有更多的隧道计划在拟议、勘探、筹建之中。它们是日韩隧道、东京湾海底隧道、印尼爪哇—苏门答腊海底隧道，连接欧非、欧亚大陆的直布罗陀隧道和博斯普鲁斯海峡隧道等等。

直布罗陀海峡位于欧洲的西班牙和非洲的摩洛哥之间。在希腊神话里，欧非两个大陆是相连在一起的，大力士海克力斯把连接欧非的大山向两侧一推，于是就出现了一条直布罗陀海峡。这条海峡是地中海通往大西洋的咽喉，每天有上千艘船舰通过海峡，是世界海运最繁忙、最重要的通道之一。西班牙和摩洛哥两国政府计划修建3条连接欧非大陆的海底隧道：一条为火车隧道，两条为公路隧道。

在黑海和地中海的出入口，有一条博斯普鲁斯海峡，它也是亚欧两洲的分界线。世界名城伊斯坦布尔跨越海峡两岸。这条海峡长29千米，北口最宽约4千米，中部最窄仅730米。这里虽然已有两条跨越海峡的大桥，人们还筹划开凿博斯普鲁斯海峡隧道。建成后的隧道将成为伊斯坦布尔市地铁网络的一部分。

对马岛是位于日本九州西北部的海上岛屿，素有日本的大门之称。从对马岛到朝鲜最近的距离只有 50 千米，站在对马岛北部的展望台上，就能望到朝鲜半岛。从对马岛到九州，由于对马海峡的相隔，交通十分不便，每日出版的晨报要到下午才能送到岛上。

日本在完成了开凿津轻海峡的青函隧道之后，又雄心勃勃地计划与南朝鲜合建穿越宽约 180 千米的朝鲜海峡的海底隧道，把日本列岛和朝鲜半岛，也就是亚欧大陆连成一体。

新世纪工程

　　不久前，有一位雄心勃勃的科学家提出了看起来是异想天开的计划——在连接阿拉斯加和俄罗斯的白令海峡开凿一条 97 千米长的铁路隧道。

　　支持开凿这条隧道的工程师说，白令海峡隧道的建设，技术上并无困难。海峡最窄处只有 85 千米，中间还有两个小岛，可以作为 97 千米长的铁路隧道的通风口。隧道的计划深度为距海平面 60 米。白令海峡底部是花岗岩，不会遇到英吉利海峡那种石灰岩和淤泥的复杂地层。估计建设时间为 20 年，投资约为 500 亿美元。

　　专家们说，隧道如果建成，将给全世界带来效益。这一连接美洲和亚洲的通道，将经济发展迅速的北美洲、中国和其他亚洲新兴工业国连接起来，使货运大大加快，并降低成本。把谷物从美国堪萨斯州运到印度新德里的路程将缩短

　　为此，阿拉斯加的诺姆商会和白令海峡经济委员会都支持修建海峡隧道。他们向北半球的商人和一些国家政府发出几十封信，想引起大家对开凿白令海峡隧道的兴趣和信心。

　　白令海峡是以丹麦航海家维图斯·白令的名字命名的。公元 1728 年，奉彼得一世之命，为了查明亚洲和美洲大陆在北方是否连接着，白令乘船从堪察加河口出发，抵达北纬 $67°18'$ 处，证实亚、美大陆不

相连接。为了纪念这个重大发现，后人就以他的姓氏命名这一海峡为白令海峡。

白令海峡隧道将是世界上最长的隧道，它还可以提供新的不同寻常的旅游机会。一位为建这条隧道唱赞歌的亚利桑那采矿工程师库马尔说："届时，你能在纽约上火车，直达南非的开普敦。"

由此可见，白令海峡接通，等于把地球上的北半球相连接。这项伟大的工程当是下个世纪的人类壮举。届时，人类的智慧和才能将为这片千年冰封的银色世界，添上最新最美的一笔，成为 21 世纪海洋上最令人瞩目的丰碑。

另一项新世纪的工程，是令人遐想的日俄海底隧道。

为了使日本和俄罗斯大陆相连，并且可以开通从东京开往巴黎的特别快车，有人设想在鞑靼海峡和宗谷海峡开掘两条长度分别为 7 千米和 43 千米的海底隧道。首先提出这个设想的是库页岛能源建设企业的主任技师乌斯丘杰宁。他设想，工程分为两个阶段：第一阶段，完成鞑靼海峡隧道，预计约耗费 24 亿美元；第二阶段，完成宗谷海峡隧道，预计约耗费 50 亿美元。

建设海底隧道是民间企业或地方自治体等难以胜任的大工程。在资金和技术方面，俄国需要日本的合作和支持，因此必须由日俄两国领导作出决断。如果建成海底隧道，不仅能促进远东地区的经济开发，而且能使雅库特、马加丹和西伯利亚地区的资源流通到太平洋沿岸，使俄罗斯远东地区的经济融会到世界经济之中。

下海不比登月难

人类早就幻想有朝一日能到大海里去居住和生活，美人鱼的故事和水晶宫的传说就是这种幻想最集中的表现。水下居住室为实现人类的幻想迈出了坚实的一步。但是，这一步的实现也是非常不容易的。由于海底巨大的压力和让人无法呼吸的困难，对于许多人来说，近在咫尺的海底始终是一块不可逾越的禁地。

沉重的水压

有人说，"下海比登月还难"。这话真是一点也不假，海底毕竟是个特殊的环境。海洋深度每增加 10 米，就要增加一个大气压力。在水深 1 万米的深海沟里，水的压力就会增加到 1000 个大气压。也就是说，像手指甲那样大的面积要承受 1 吨多重的压力呢！

人类在漫长的进化道路上，身体的结构和机能变得完全适应于陆地生活了。可是，海底与陆地是两个完全不同的天地。

起初，人们憋一口气，潜入海底拾取贝壳，采集海草。后来发明了潜水工具，借助潜水衣、潜水艇、深潜器，人们能够去海底遨游。但无论如何，人类始终是海洋里的匆匆过客，到海洋里去生活、居住

的愿望，仍然难以实现。即使潜水员穿上潜水服，能够到海底去工作一阵子，但他必须呼吸与水压相等的高压空气，否则体内外压力不相等，他就无法进行呼吸，他还必须承受由此而引起的减压病和氮麻醉带来的痛苦甚至死亡的威胁。人类在水下度过的几分钟、几十分钟的时间，所付出的代价是十分沉重的。

可怕的潜水病

几乎所有潜水超过 10 米深的人都会感到肘关节、肩关节、膝关节和髋关节疼痛和抽筋似的不适。严重时双腿不能行走，甚至痛得在地上打滚，同时还会出现皮肤搔痒现象。

这些症状是由于减压不充分引起的，叫做减压病。当潜水员潜水完毕迅速上升时，由于压力减小，他处于高压状态时渗入身体各组织中的氮气，这时会形成气泡，在各组织部位，特别是各关节部位，引起血液灌流障碍，造成关节疼痛。而皮肤中未溶解的气泡则会引起皮肤搔痒。更严重的是，如果氮气泡累及人的中枢神经系统、呼吸系统和循环系统等重要器官，还会引起瘫痪，使人丧失感觉、呼吸循环系统功能衰竭、脉搏加快、脑血栓等等，最终会导致死亡。

防止减压病最有效的方法是让潜水员缓缓上升，使身体各组织的气体不形成气泡。不过这种办法耗费的时间太长。另一种方法是在潜水员潜水工作完毕时，让潜水员迅速上升，露出水面后立即进入减压舱。减压舱里的压力调节到与潜水时的压力相等，然后再缓缓地降低。减压舱里有各种生活设施，潜水员在里面可以自在地休息和阅读，时间长一点也不要紧。

水中的高压不仅会带来减压病，还会带来更可怕的氮麻醉。什么是氮麻醉呢？氮麻醉是一种神经中毒的现象。潜水员呼吸高压空气时，空气中的高压氮渗入了神经系统，引起了神经中毒。氮麻醉起初的症状是情绪亢奋，然后是头昏眼花，最后完全失去知觉。氮麻醉多半是在潜水深度超过 40 米时出现的。

为了防止氮麻醉，科学家配制了一种人造空气——氦氧混合气体。因为氦是惰性气体，不会引起神经中毒。经过试验，潜水员呼吸这种人造空气效果很好，一时间使潜水员潜水的深度达到了 400 多米。

打通深潜之路

随着潜水深度的增加，新的问题又发生了：潜水员普遍感到疲劳，全身发抖，呕吐，嗜睡和体重下降。医生把这种症状称之为"高压神经综合症"。面对这种情况，很多人悲观了，认为人类已到达了潜水的极限，潜水深度无法再增加。但是，美国医生本内特却不这样认为。他想，既然潜水员感到疲劳和嗜睡，为什么不能让他们吸入一点氮气呢？高压氮气有兴奋作用，吸入过多会产生氮麻醉，吸入量少一点或许不会有麻醉作用。于是，他在氦氧混合气体里加入了少量的氮气，让潜水员呼吸高压氦、氮、氧的混合气体。试验结果，潜水员的高压神经综合症也消失了，下潜深度一下子增加到 649.8 米。

在很多科学家的努力下，人类通往深海的路正一步步打通，潜水的危险性在逐渐减小；人类正步步逼近海底更深处；潜水员在海中的工作时间也在逐步延长。但是，这并不意味着人类返回海洋已经成功了。那些潜水员上岸之后，还得花费比水下工作多得多的时间呆在减压舱里，这个漫长的过程，使潜水员的水下工作效率大打折扣。看来，人类要真正重返海洋，像鱼儿那样在海中生活，仍然是困难重重。

下海不比登月难

在困难面前，科学家没有泄气，也没有放弃努力。美国的一位潜水医生邦德提出了一个重要的理论，使人们重新看到了去海洋生活和工作的希望。

邦德发现，人体中气体的含量是随着压力和时间的增加而增加的。但是，如果人在高压下呆到一定的时间，他的血液和组织里所渗入的高压气体就会达到饱和。从这时起，只要压力不变，他呆在水下的时间再长，血液和组织里的气体含量也不会再增加，就像一只盛满水的杯子，不能再接纳更多的水的道理是一样的，因为已达到了饱和的状态。

根据这一发现，邦德认为可以不必经常浮上来减压，他可以一直呆在水下，直到他完成一个水下工程再上浮，最后进行一次总减压就行了。这时候，潜水员身体里的气体已经呈饱和状态，所以减压的时间并不等于他呆在水下的有效时间，大大减少了过去一次又一次的上浮减压过程和减压时间。

邦德的这一个理论，开启了人类走向海洋，长期去那儿生活和工作的大门。他提倡的这种潜水方式叫做"饱和潜水"。水下实验室，就是按照邦德提出的饱和潜水理论而建造的。根据这个理论，很多勇敢的潜水员去水下居住室做了很多次海中人的实验。

这一系列的实验证明了人类既能够登上月球，也能下得海洋，下海不比登月难。